仕事が爆速化する！

Claude
Perplexity
Glasp
NotebookLM
使いこなし術

AIビジネス総研 著

宝島社

本書の注意点

- ●本書は、2024年12月上旬の情報をもとに掲載しています。製品、サービス、アプリの概要などは、事前のお知らせなしに内容・価格が変更されたり、販売・配布が中止されたりすることがあります。あらかじめご了承ください。

- ●本書では、Windows11、GoogleChromeのそれぞれの最新版をもとに画面を掲載し、動作を確認しています。OSのバージョンや機種によっては、動作や画面が異なることがあります。

- ●本書に掲載したアプリ名、会社名、製品名などは、米国およびその他の国における登録商標または商標です。本書において、TM、©マークは明記しておりません。

- ●本書の掲載内容に基づいて操作する場合、操作ミスなどによる不具合の責任は負いかねます。

- ●本書に関するご質問は、封書（返信用切手を同封の上）のみで受付いたします。追って封書で回答させていただきます。内容によっては、回答に時間を要することがございます。

- ●ChatGPTをはじめとした生成AIは、質問のたびに毎回異なる回答を行います。本書に掲載した回答は、一例に過ぎません。

は じ め に

いきなりですが、以下の質問に「はい」か「いいえ」で答えてください。

・ChatGPTは出力される文章がよくないので、生成AIはまだ使えない
・知りたいことがあれば、Googleで検索する
・リサーチはGoogleで検索して頑張って作るものだ
・YouTubeはエンタメ系の動画しか見ない
・PDFをたくさん読み込むのは時間がかかる
・図解やイラストはフリー素材か外注しかない

　1つでも「はい」がある人は、生成AIをまだよく知らず、使いこなせていない可能性があります。
　生成AIの世界は、みなさんが想像している以上の速度で進化しています。ほぼ毎週、ドラスティックな変革がどこかの分野で起こり、最善のAIツールの座が入れ替わっているような状況です。
　たとえば、文章生成の分野では、最初に大きな話題となったChatGPTは進化を続けているものの、文章の品質でそれを凌駕するClaudeというツールが登場しています。情報収集においては、もはやGoogleだけに頼る時代ではありません。PerplexityやGensparkといった最新のAI検索エンジンを活用すれば、より正確で包括的な情報を効率的に集められるようになりました。
　さらに、動画やPDFの活用方法も大きく変わってきています。これまで、YouTubeは単なる動画共有のためのプラットフォームでしたが、GlaspやNotebookLMを使えば、動画の内容を瞬時にテキスト化し、有用な情報源として簡単に活用できます。同様に、ページ数の多いPDFも、もはや苦労して読み込む必要はありません。ChatPDFやNotebookLMを使えば、膨大な文書の内容を素早く理解し、必要な情報を的確に抽出できるのです。
　ビジュアル面での作業効率も劇的に向上しています。図解やイラストの作成にAIを使えば、イラストレーターを外注したり、時間をかけてフリー素材を探したりする頻度を減らせます。図解やプレゼンテーション資料の作成もAIに助けてもらえば、かなり楽になります。

　本書では、このような最新の生成AIの実践的な使い方を解説していきます。すべてのツールを完全に使いこなす必要はありませんが、業務や生活に使えそうなものだけでも取り入れることで、作業効率は劇的に向上するはずです。
　本書が、読者のみなさんの生成AIとの関わりを実り多いものにする助けとなることを心より願っています。

CONTENTS

CHAPTER 1　ChatGPTだけじゃない！続々と登場する生成AI

01 社会に根本的変革を起こす生成AI革命 ……………………………… 8

02 ChatGPTの多機能さとその限界 …………………………………… 12

03 次々に現れるChatGPTのライバルたち ………………………… 18

04 文章生成以外の生成AI事情 ………………………………………… 24

【Column】 文章生成AIを使ったユニークなアプリ ………………… 28

CHAPTER 2　まずは文章生成AIを使いこなそう

文章生成AIはどんな場面で使えばいい? ………………………………… 30

05 文章生成には「Claude」がいい！ その理由は? どこが優れている? …… 34

06 文学的な表現もビジネス文書も「Claude」で作成できる！ …… 36

07 知らなければ使いこなせない！ ユーザー必須のテクニック …… 42

【Column】 ChatGPTも高機能化！「キャンバス」を使いこなそう …… 48

CHAPTER 3　Webの情報を生成AIでまとめるには

ポンコツGoogleを捨てて生成AIを使おう！ ………………………… 50

08 "脱Google"の第一歩！「ChatGPT search」を使う ………… 54

09 難しいテーマでも広範囲に調査 リサーチに必須「Perplexity」 …… 58

10 最有力なAI検索エンジン「Genspark」で記事を自動生成 …… 63

【Column】 PerplexityやGensparkを猛追中！ Feloにも注目しよう …… 70

CHAPTER 4　YouTube動画を情報源としてフル活用する

情報源としてのYouTube動画の優れている点と活用上の問題点 ………………… 72

11　「Glasp」とブラウザーでYouTube動画を文字起こし ………………… 76

12　「Gemini」なら動画を正確に文章化できる ………………… 82

13　YouTube動画もPDFも扱える！「NotebookLM」で内容を把握 ………… 88

【Column】続々登場する動画生成AI　短い動画なら十分使える！ ………… 94

CHAPTER 5　PDFの内容を手早く理解したい

ChatGPTではPDFの中身をうまく解説できない！ ………………… 98

14　長大・難解なPDFを調べたい！「ChatPDF」で質問する ………… 102

15　複数のPDFをまとめて扱うならGoogleの「NotebookLM」で ……… 106

【Column】PDF以外のソースも活用して　さらにNotebookLMが便利に！ ……… 114

【Column】情報の共有に最適！「Notion」で生成AIの機能を利用する ……… 116

CHAPTER 6　難しい解説をわかりやすくする図解を用意する

複雑な概念の解説には単純化された図解が必須！ ………………… 120

16　超短時間でわかりやすい図解を簡単作成できる「Napkin AI」 ………… 124

17　マインドマップを自動生成して難解な文章を理解「Mapify」 ………… 128

【Column】複雑な図解を作りたいなら「v0」を試してみよう ………… 134

5

CONTENTS

CHAPTER 7　ビジネス文書に使える画像を生成AIで作る

いい加減に探した画像を公開する媒体に使ってはダメ！ ……………………………… 138

18　日本人らしい人物画像は「ImageFX」で作ろう ………………………………… 141

19　生成した画像に文字を入れる！「Ideogram」で自然な画像に ………………… 144

20　イラストも自分で作れる！注目の画像生成AI一挙紹介 ……………………… 148

【Column】音楽も生成AIで作れる！フリー音楽を探さなくてもOK ……………… 150

CHAPTER 8　プレゼン資料を超速で用意するには

プレゼン資料作成をどのようにAIに任せるのか ………………………………………… 152

21　プレゼン資料を自動作成　「SlidesGPT」で叩き台を作る ………………… 154

22　日本発のスライド生成AIで美しいプレゼン資料を作る ……………………… 156

【Column】いまだ目覚めぬ "希望の星"　CopilotをPowerPointで使う …………… 158

CHAPTER

1

ChatGPT だけじゃない！ 続々と登場する 生成AI

自分の仕事が数年後にはなくなってしまうかもしれない——今、私たちが目の当たりにしている生成AI革命は、単なる技術革新ではありません。人類の労働と創造性の根本的な価値を揺るがす脅威的な変革なのです。本章では、急速に発展する生成AIが社会にもたらす破壊的な影響から説きおこし、その先陣を切ったChatGPT、ChatGPTの代替サービス、文章生成以外の生成AIについて概説します。

CHAPTER 1 第4次AIブーム│画像生成AI│ChatGPT

01 社会に根本的変革を起こす生成AI革命

生成AIの歴史と今後の展望

　2022年11月、ChatGPTの登場は世界中に衝撃を与え、AI技術の普及が一気に加速しました。それまでのAIとは一線を画す自然な対話能力と、一般のユーザーでも簡単に利用できる使いやすさで、私たちの働き方や生活、コミュニケーションの方法を根本から変えつつあります。そこで、ChatGPTが引き起こした革命的な変化と、その背景にある技術の進化について詳しく見ていきましょう。

●第4次AIブームの到来

　AIはこれまで3回のブームを経験してきており、現在は第4次AIブームと呼ばれています。1956年のダートマス会議を契機として「推論・探索」で特定の問題を解く第1次ブーム、1980年代のエキスパートシステムなどのシステムで知識を加えて対応しようとした第2次ブーム、そして2012年からのディープラーニングによる第3次ブームです。しかし、いずれのブームも、技術的な限界から期待された成果を上げることができなかったため、一時的な盛り上がりに終わりました。

1956年に開催されたダートマス会議には、ジョン・マッカーシー、マービン・ミンスキー、クロード・シャノン、ナサニエル・ロチェスターなどが出席。人工知能に関する研究発表を行い、将来について議論を交わした。現在では、これが人工知能研究の起点だとされている

　これらの過去のブームと比べ、現在の第4次ブームには決定的な違いがあります。それは、生成AIが実用的なサービスとして、すでに技術者以外の多くの人々の日常生活やビジネスの現場で活用されているという点です。この変化を可能にしたのが、大規模言語モデル（LLM：Large Language Model）と呼ばれる革新的な技術です。

　LLMは、大量の文章を読み込むことで、まるで人間のように文章を作成できるAIのことです。ChatGPTの基盤となっているGPT（Generative Pre-trained Transformer）も、このLLMの一種です。従来のAIよりも自然な文章の生成が可能で、文脈を理解した対話ができ、複雑な指

示にも対応可能で、さらには創造的なタスクもこなせるという特徴があります。

●画像生成AIから始まった生成AIの進化

　この第4次AIブームの序章は、2022年前半に大きな話題となった画像生成AIから始まりました。「Midjourney」「Stable Diffusion」「DALL-E 2」といったサービスの登場により、誰もが簡単なテキスト入力だけで、驚くほど精緻な画像を生成できるようになったのです。

　これらの画像生成AIは、数億枚もの画像データから学習を重ね、人間の創造性を大きく拡張する新たなツールとして注目を集めました。特筆すべきは、それまでのAIが既存のデータを「理解」することに主眼を置いていたのに対し、これらのAIは新しいコンテンツを「生成」できる点にあります。たとえば「月明かりに照らされた桜の木と、その下で踊る妖精」といった、現実には存在しない幻想的な風景でも、驚くほど美しく描き出すことができます。

　このような画像生成AIの登場は、クリエイターの働き方にも大きな影響を与えました。イラストレーターやデザイナーたちは、これらのAIを「アイデアのネタ元」や「下書きツール」として活用し始め、制作プロセスの効率化が図られるようになっていったのです。

「月明かりに照らされた桜の木と、その下で踊る妖精」というテーマで画像生成AIにイラスト生成を指示した。左が写真風、右がディズニー風になるよう指示している

●「ChatGPT」登場の衝撃

　このように画像生成AIが進歩を続ける中、2022年11月、人間のように自然な対話を可能にした「ChatGPT」の登場が世界中に衝撃を与えました。これにより、生成AIが一般の人々の手に届く身近な存在になっていったのです。

　ChatGPTは文章生成AIというジャンルに分類されますが、単に文章を作成するだけではありません。プログラミング、翻訳、データ分析など、さまざまなタスクを難なくこなします。その革新性に注目した人々の間で話題になり、ChatGPTは驚異的なスピードで普及しました。獲得したユーザーはサービス開始からわずか2カ月で1億人以上で、史上最速でユーザー数を伸ばしたサービスとなりました。

　ChatGPTがこれだけ大きく支持されたのには、次のような理由が考えられます。

・自然な対話能力
　まず、驚くほど自然な対話能力が挙げられます。ユーザーの質問や指示に対し、まるで人間と話しているかのように文脈を理解し、自然な応答を行います。たとえば、「それについてもう少し詳しく説明して」というだけで、直前の話題について掘り下げた説明を提供できます。また、曖昧な質問でも、ユーザーの意図を適切に推測して回答できる点も画期的です。

・幅広い知識と応用力
　幅広い知識と優れた応用力もChatGPTの強みです。科学、芸術、歴史、文学、経済など、実に多岐にわたる分野の知識を持ち合わせており、これらの知識を横断的に活用し、総合的に回答できます。たとえば、歴史的な出来事を現代の技術発展と結びつけて説明したり、科学的な概念を身近な例えを使ってわかりやすく解説したりできます。
　また、ChatGPTは単なる知識の提供にとどまらず、さまざまな実践的なタスクがこなせます。プログラミングコードの作成や説明、数学や物理の問題解決、ビジネス文書の作成、データ分析のサポート、言語の翻訳や校正、さらには企画書やプレゼンテーション資料の作成支援まで、幅広い業務のサポートが可能です。

・使いやすさ
　ChatGPTは、LINEのような一般的なチャットアプリと同じように、テキストを入力するだけで利用できるのも支持された理由の1つです。複雑な設定や高度な操作は必要なく、話し言葉でも質問や指示ができ、回答を受けて質問を重ねたり、途中で話題を変えたりすることも自由自在です。さらに、ほぼリアルタイムで回答が返ってくるため、ストレスなく対話が続けられます。

　このような使いやすさにより、プログラマーやエンジニアだけでなく、技術に詳しくない人でも直感的に使いこなすことができます。その結果、AIの恩恵を受けられる層が大きく広がっていきました。

ChatGPTにブラックホールを日用品にたとえて説明してもらった例。「小学生でもわかるように」と対象を指定したことにより、誰にでもわかるように回答をしてくれた

ブラウザーで動作するゲームを作成した例。やりたいことや動作させるプラットフォームを指定するだけで、実践的なコードを生成してくれる

●新たなサービスと今後の展望

　ChatGPTの成功を受けて、Google社の「Gemini」、Microsoft社の「Copilot」、FacebookやInstagramを運営するMeta社の「Meta AI」、X（旧Twitter）の「Grok」など、大手テクノロジー企業が次々と独自の生成AIサービスを投入しています。また、Anthropic社の「Claude」など、スタートアップ企業の活躍も目覚ましいものがあります。

　さらに、特定の用途に特化した専門的な生成AIも続々と登場しています。法務文書の作成や契約書のレビューを支援する法務AI、医療診断をサポートする医療AI、個別指導を行う教育支援AI、投資アドバイスを提供する金融AI、クリエイティブ制作を支援するデザインAIなど、各分野に特化したAIが開発され、実用化が進んでいます。

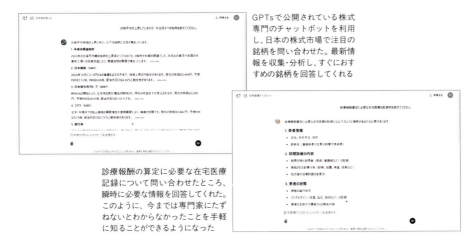

GPTsで公開されている株式専門のチャットボットを利用し、日本の株式市場で注目の銘柄を問い合わせた。最新情報を収集・分析し、すぐにおすすめの銘柄を回答してくれる

診療報酬の算定に必要な在宅医療記録について問い合わせたところ、瞬時に必要な情報を回答してくれた。このように、今までは専門家にたずねないとわからなかったことを手軽に知ることができるようになった

　このように生成AI技術は日々進化を続けており、私たちの仕事や生活に深く組み込まれていくことが予想されます。しかし、その一方でいくつかの重要な課題も指摘されています。精度と信頼性の面では、事実と異なる情報を生成する「ハルシネーション」、データの新しさの限界、専門性の高い分野での正確性などが課題となっています。

　倫理的な観点からは、著作権や知的財産権との関係、プライバシーの保護、AIへの依存度の上昇などが懸念されています。また、社会的な影響という点では、雇用環境の変化、教育現場での混乱、情報格差（デジタルデバイド）の拡大などにもつながる可能性があり、どのように利用していくかは重要な検討課題です。

　しかし、これらの課題は生成AI技術の可能性を否定するものではなく、課題に適切に対応しながら技術を発展させていくことで、安全で信頼性の高いAIサービスが実現できると考えられます。実際に、最新の生成AIモデルでは、課題に対応する機能やしくみが実装され進化を続けています。

　生成AIは、人類の知的能力を拡張し、新たな可能性を切り開くツールとして、ますます重要な存在となっていくことでしょう。そのポテンシャルを最大限に活かしつつ、適切に管理・活用していくことが、これからの私たちの課題だといえます。

CHAPTER 1

CHATGPTの機能 | 生成AIの問題点

02 ChatGPTの多機能さと その限界

多様なニーズに応えるChatGPT

当初は文章生成AIとして機能していたChatGPTですが、登場以来さまざまな機能が追加され、ユーザーのあらゆるニーズに応えています。ここでは、ChatGPTが実装した便利な機能を紹介していきましょう。

●進化を続ける言語モデル

ChatGPTが当初採用していた大規模言語モデルは「GPT-3.5」でした。このモデルは、高い汎用性と優れた会話能力を持ち、日常的な質問への回答から文章作成、アイデア出しまで、幅広い用途で使いやすさを発揮しています。その後、さらに進化した言語モデル「GPT-4」、そして「GPT-4o」が利用できるようになりました。

「GPT-4o」は「GPT-3.5」と比較して文脈理解能力が大幅に向上しており、複雑な質問に対しても正確で詳細な回答を行います。また、音声や画像、動画などテキスト以外の形式のデータを処理する機能を備え、応答速度が改善されました。

さらに、複雑な推論タスクに特化した新たなAIモデル「o1」と、その軽量版である「o1-mini」も登場しました。「o1」は物理、化学、生物学、数学、コーディングなどの複雑な問題を解決する能力に優れています。「o1-mini」は「o1」の能力を保持しつつ、より小規模化した効率の高いモデルです。リソースが限られた環境やリアルタイムでの応答が求められる場面での利用に適しています。

2024年12月、最新モデルとして「o1 Pro」が発表されました。「o1」よりもさらに高度な推論が可能になり、複雑な問題の解決や専門的なタスクに向いています。

●ChatGPTの料金プラン

ChatGPTには無料プランと2つの個人向け有料プランが用意されています。無料プランでは、大規模言語モデルとして「GPT-3.5」と「GPT-4」の利用が可能です。そのため、一般的な用途では十分といえますが、高度な質問だと物足りなさを感じる可能性があります。

「ChatGPT Plus」は月額20ドルで利用できる有料プランで、「o1 Pro」以外のすべての言語モデルへアクセス可能です。ただし、「GPT-4o」「o1」「o1-mini」は利用回数の制限があります。制限を超えた場合、そのモデルは一定時間利用できなくなる点に注意が必要です。

2024年12月、さらなる上位プランとして「ChatGPT Pro」の提供が開始されました。この

プランは、エンジニアリングや研究での利用を対象としており、月額200ドルで利用可能です。ChatGPT Proでは「o1 Pro」や「o1」「o1-mini」「GPT-4o」へ実質的に無制限アクセスが可能です。これにより複雑なタスクや高度な分析に対応できます。

●オリジナルのチャットボットが作れる「GPTs」

　生成AIを使う目的はユーザーごとに異なります。そのため、自分のニーズに合わせたチャットボットがあると作業効率が大幅にアップします。「GPTs」は、ニーズに合わせてChatGPTをカスタマイズし、独自のチャットボットを利用できる機能です。たとえば、誤字脱字チェックを専門に行うGPTsを使えば、校正作業を大幅に効率化できます。あるいは、あらかじめ用意したファイルのみを検索して回答を作成するチャットボットも作れます。

　GPTsは、世界中のユーザーが作ったものを利用できるのが強みです。ほかのユーザーが作成したチャットボットを活用すれば、労せずしてさらなる効率化が図れます。

世界中のユーザーが作ったGPTsが公開されており、手軽に利用できる。目的に沿ったボットを使えば、作業は大きく効率化できる

　また有料プランのユーザーなら、自分独自のチャットボットを作成することもできます。作成画面は対話方式なので、プログラミングの知識がなくても簡単に作成可能です。また、自作したチャットボットは公開することもできます。

有料プランのユーザーなら独自のチャットボットを作成可能。対話形式で作れるので、プログラミング知識がなくても大丈夫だ

●「DALL-E 3」の実装により画像生成も可能

　ChatGPTは、同社が開発した「DALL-E 3」を搭載しており、画像生成にも対応しています。これにより、普段と同じようにプロンプトで画像を生成する指示を出せば、すぐに高品質な画像を生成可能です。なお、無料プランの場合は1日2枚まで、有料プランのユーザーは制限なく生成できます。

　また、有料プランのユーザーの場合、生成した画像は選択部分のみの編集も可能です。この機能を使うと、プロンプトだけで指示するよりもピンポイントで画像を修正することが可能になり、より具体的な修正が行えます。

作りたい画像のプロンプトを入力すれば、すぐに画像を生成できる。有料プランのユーザーの場合、画像をクリックすると不要な箇所を指定するなどの編集も可能だ

●Google検索のように使える「ChatGPT Search」

　「ChatGPT Search」は、Google検索のようにChatGPTが利用できる検索サービスです。質問した内容でネットの情報を収集し、その情報をまとめて回答を生成します。同時にChromeブラウザー向けの拡張機能も提供されており、これをインストールするとアドレスバーから「ChatGPT Search」が利用できるようになります。なお、無料プランのユーザーも使えますが、精度が低くなる場合もあります。

ネット上の情報を収集して回答を生成するので、必要な情報をすぐにまとめて得られるのがメリット。また、引用したソースも確認できるので、ファクトチェックも容易だ

●人と会話しているように使える音声会話モード

　スマホやMac向けに提供されているChatGPTアプリでは、「高度な音声モード」という新しい機能が追加されました。このモードでは、GPT-4oを使用しており、より自然でリアルタイムな会話が可能になっています。また、感情を込めた応答をするようになっており、人間と会話するような体験が可能です。

　なお、このモードを使えるのは有料プランのユーザーのみで、無料プランの場合は「標準音声モード」となります。ただし、有料プランのユーザーでも制限時間が設定されており、制限時間に達すると「標準音声モード」に切り替わります。

「高度な音声モード」では、人間と会話をしているような体験ができる。9つの音声オプションから好みの声を選ぶと利用できるようになる。画面はiPad版だが、iPhoneやAndroid、Mac向けのアプリでも利用可能だ

AIの回答に含まれる問題

　このようにChatGPTは多様なニーズに応えるようにサービスを提供しています。しかしながら、ChatGPTのみならず、生成AIにはまだ解決すべき課題も存在します。まず、倫理的、社会的、法的にどのような問題があるのかを確認していきましょう。

●倫理的な問題

　生成AIが引き起こす倫理的な問題として、偏見や差別の助長が挙げられます。AIは学習データに基づいて回答を生成しますが、その元データに含まれる社会的バイアスを反映してしまうことがあります。たとえば、特定のジェンダーや人種に対する固定観念を強化するような回答を生成する可能性があり、これが既存の社会的不平等を深刻化させる懸念があります。

　また、AIを利用したディープフェイクや虚偽情報の拡散も重要な課題です。特にディープフェイクは一般の人々にとって真偽の判別が困難であり、たとえば著名人の映像を改ざんして投資を募る詐欺や、政治家の偽の演説動画を作成して世論を操作しようとする試み、一般市民

の顔写真を無断で成人向けコンテンツに使用するケースなども確認されています。このような倫理的な問題に対しては、技術的な対策に加えて、適切な法整備や利用者への教育も含めた包括的なアプローチが必要です。

●社会的な問題

生成AIが社会に与える影響も看過できません。人々がAIへ過度に依存することで、批判的思考力や情報の真偽を判断する能力が低下する懸念があります。特に、AIが生成したコンテンツが大量に流通する現代において、本物の情報とAIによって作られた情報を区別することが難しくなるという課題があります。

また、生成AIの普及は労働市場に大きな変革をもたらすことが予想されます。クリエイティブな職種を含む多くの職業において、AIによる業務の自動化や支援が進むことで、従来の仕事の進め方や必要とされるスキルが大きく変化する可能性があります。これに伴い、新たな職種の創出や既存の職務の再定義へとつながり、労働者の再教育やスキルアップが必要となります。

●法的な問題

生成AIには複数の法的リスクが存在します。最も顕著な問題として「著作権の侵害」です。AIが学習データとして使用した著作物の権利が適切に処理されていない場合や、AIが生成したコンテンツが既存の著作物と実質的に類似している場合は、著作権侵害となるリスクがあります。

また、AIが生成した虚偽の情報や画像による名誉毀損やプライバシー侵害も深刻な法的課題です。特に、実在する人物や組織に関する虚偽の情報が生成された場合、重大な権利侵害となる可能性があります。さらに、生成AIを悪用した新たな形態の詐欺や犯罪も出現しており、既存の法制度での対応が追いついていない問題もあります。

以上の問題を考慮したうえで、生成された回答そのものにどのような課題があるのかを見ていきましょう。

●ハルシネーション

これは、AIが事実ではない情報を自信を持って提供してしまう現象で、もっともらしい回答を出しますが、実は誤った回答や存在しない情報を生成した回答というものです。ハルシネーションは、AIの言語モデルが文脈に基づいて最も「自然な」応答を生成する際に発生しやすく、特に曖昧な質問や不完全な情報に対して発生しやすい特徴があります。

ハルシネーション対策では、回答を鵜呑みにせず、必要に応じて複数の情報源を参照してファクトチェックすることが重要です。

●最新の情報は盛り込まれていない

　情報の時間的制約も大きな問題です。LLMは学習時点までに存在していたデータのみをもとに構築されているため、その後に発見された新しい事実や、既存の認識が覆されるような発見を反映することができません。

　たとえば、健康食品の分野では、特定のサプリメントが「がんの予防に効果がある」として推奨されていたものの、のちの大規模研究で効果がないばかりか有害な可能性が指摘されるケースもありました。このように、最新の知見は、古いデータで学習したAIモデルには反映されません。

　なお、この問題は生成AIツールによっては、検索結果を反映することにより、部分的に解決しています。

●多数派バイアスの問題

　情報の偏りも重要な課題です。たとえば、ある事象について世間の8割が特定の見解を持ち、残りの2割が異なる見解を持っているような場合、AIは多数派の意見を採用する傾向があります。

　この問題の典型例として、食品添加物の安全性に関する議論が挙げられます。政府機関や大手食品メーカーが「安全である」という立場を取っている場合、独立した研究者による警告など、少数派の研究結果は、AIの回答に十分に反映されにくい傾向があります。

●検索連携の限界とSEO対策の影響

　この問題は、あとで紹介するChatGPT searchやPerplexityなど検索機能を備えたAIシステムを使用しても完全には解決されません。特に情報があまり発信されていないマイナーな分野において、SEO対策による情報の歪みが深刻な問題となっています。

　たとえば、専門性の高い技術情報において、実際の専門家によるブログよりもSEO対策を重視したまとめサイトの情報が優先されることがよくあります。それにより、利用者に誤った情報が提供されてしまう可能性が否定できません。

●情報の信頼性低下のリスク

　従来の検索エンジン利用でも同様の問題は存在していましたが、AIを検索エンジンの代替として使用する場合、問題がより深刻化する傾向があります。これは、AIが情報を再構成して提示する過程で、もとの文脈や出典が不明確になりやすく、また、複数の情報源からの情報を統合する際に、誤った情報がより広範に拡散される可能性があるためです。

　具体例として、投資やファイナンスの分野では、AIが複数の情報源から得た情報を統合する際に、異なる時期の市場状況や規制環境に関する情報を混在させてしまい、現状に即していない投資アドバイスを生成してしまうことが挙げられます。

CHAPTER 1

Gemini | Claude | Copilot | Grok | Apple Intelligence

03 次々に現れるChatGPTの ライバルたち

それぞれ独自の機能を持った生成AIサービス

ChatGPTの登場により、生成AIは一気に世に広まりました。その後、雨後の筍のようにさまざまな生成AIサービスが登場してきています。いずれのサービスも、それぞれ特徴があります。ここでは、注目を集めている主要な生成AIサービスを紹介し、どのような違いがあるかを解説していきます。

●Googleが提供する次世代AIモデル「Gemini」

Googleが提供する生成AIサービスが「Gemini（ジェミニ）」です。このサービスの最大の強みは、Googleが長年にわたり蓄積してきた膨大なデータベースと検索技術を駆使できる点です。これにより、非常に高精度で多様な回答を得られます。

Geminiの言語モデルは、OpenAIのGPT-4とは異なる独自の技術を使用しており、主要な指標の多くでGPT-4を凌ぐともいわれています。

Geminiは膨大なデータの中から複雑な知識を発見する能力に優れており、高度な推論性能を備えています。このため、複雑なテキスト情報や視覚情報の理解においても強力で、意図的な推論が要求される金融や科学の分野で特に力を発揮します。

さらに、「マルチモーダル」として開発されているのも特徴です。マルチモーダルとは、テキストだけでなく、音声や画像、動画など、異なる形式の情報をそのものとして理解する技術で、たとえば音声データが入力された場合には、テキストへの変換を行わなくても音声のまま処理できます。これにより、音声に含まれるニュアンスを理解した回答ができるようになります。

そして、Googleアカウントを持つユーザーであれば誰でも利用でき、文章生成や情報検索、データ分析など、さまざまなタスクを実行できます。また、有料プラン「Gemini Advanced」（月額2900円）では、次世代の言語モデルである「Pro 1.5」を利用できるようになり、より高いパフォーマンスでの回答が期待できます。

また、Googleドライブのストレージが2TBまで拡張され、GmailやGoogleのオフィススイート（ドキュメント、スライド、スプレッドシートなど）との連携、Pythonのコードの編集や実行が可能になります。これにより、Googleが提供するサービスとの親和性がさらに強化され、統合的で効率的な利用が可能となります。

なお、GeminiはGoogleのリアルタイム検索結果を活用できるとは限らず、最新の情報やトレンドに基づいた回答が常に得られるわけではありません。最新の情報をベースに回答を作っ

てほしい場合は、別のサービスを利用すべきでしょう。

GeminiはGPT-4を凌ぐともいわれている言語モデルを採用しているのが特徴。回答にはGoogleのリアルタイム検索の結果を利用しないため、最新の情報に基づいた回答は期待できない

●文脈の理解力が高く、自然な会話が可能な「Claude」

「Claude（クロード）」はアメリカのスタートアップ企業であるAnthropic社が提供する生成AIサービスです。同社はOpenAIの元研究者が立ち上げた企業で、2021年に設立された歴史の浅い企業にもかかわらず、アメリカ政府から生成AIを提供する主要企業と認定されたことで大きな注目を集めています。

Claudeの最大の特徴は、高い文脈の理解力と日本語処理能力です。ChatGPTは少々硬い言い回しになることが多いのですが、Claudeは人の心情や感情に配慮した表現で回答します。そのため、ChatGPTよりも自然な会話が可能だといえます。

また、安全性と信頼性を重視しているのも特徴です。回答する際に不正確な情報を避け、不確実な場合にはその旨をユーザーに伝えることで、回答への信頼性を高めています。これにより、生成AIで問題となる誤回答（ハルシネーション）の心配が少なくなっています。

Claudeが採用する言語モデルは「Claude 3.5 Sonnet（New）」で、各種ベンチマークではGPT-4oの性能を凌いでいます。ただし、学習データは2024年4月までのもので、Claude自身はネットの情報を収集する機能を持たないため、最新の情報に対応できないのはデメリットです。

有料プランとして「Claude Pro」（月額20ドル）が用意されています。このプランでは、アップロードしたPDFなどのドキュメントをもとにしてAIが回答する「Projects」が利用できるようになります。これ以外には、混雑時に優先的な利用が可能になったり、新機能の早期アクセスなどのメリットがあります。

Claudeが採用する「Claude 3.5 Sonnet（New）」は、GPT-4oを凌ぐ性能を持っており、特に高い言語処理性能が特徴。流暢な日本語で信頼性の高い回答を行う

●Microsoftのさまざまな製品に組み込まれた「Copilot」

　Microsoft社が提供する生成AIサービスが「Copilot（コパイロット）」です。「副操縦士」という意味のとおり、Webサービスにとどまらず、同社のあらゆる製品に組み込まれて利用できるのが特徴です。たとえば、Windows 11にはCopilotアプリがプリインストールされており、すぐに呼び出せます。また、同社のブラウザー「Edge」に搭載されたCopilotボタンをクリックすると、表示しているWebページを要約するといった操作が可能です。このようにWebだけでなく、アプリと強く関連付けられています。

　また、同社は「Copilot+ PC」という規格を策定し、AI PCの普及にも力を入れています。このPCはローカルでAIを使用できるもので、画像の加工、ビデオ会議の背景の変更、リアルタイム翻訳などをAIで処理できます。また、これらをすべてローカルで処理するため、安全性が高いのが特徴です。

　Webで利用するCopilotは、無料で誰でも利用できます。Microsoftアカウントでサインインすると、質問できる上限回数がなくなるなどの制限が解除されます。ただし、最近のアップデートによってユーザーインターフェースや回答品質が大きく変わり、非常に簡素な回答しか返ってこなくなったので、以前より有用性が減っているのが難点です。

　有料プランの「Copilot Pro」（月額3200円）に加入すると、同社のオフィススイートである「Microsoft 365」の各アプリでも利用できるようになります。WordやExcel、PowerPointなど、お馴染みのアプリでAIの力を借りられるので生産性の向上が見込めます。

Web版のCopilotは、誰でも無料で利用可能。2024年10月のアップデートで、かなり簡素な回答しか返ってこなくなった。そのため、Copilotは簡素な回答がほしいとき以外は、使う必要はない

●「あらゆる質問に答えること」を目的とした「Grok」

「Grok（グロク）」は、電気自動車のTesla社や宇宙事業のSpaceX社などで有名なイーロン・マスク氏が率いるxAI社が開発・公開している対話型AIサービスです。2023年11月に公開されて以来、X（旧Twitter）を介したリアルタイム情報へのアクセスや、オープンソース化などで注目を集めています。

Grokは「あらゆる質問に答えること」を目的としており、他の生成AIが回避する「道徳や社会に反するような質問」にも回答する点が特徴です。たとえば、差別に関する質問、爆発物の製造方法、性的な内容などの質問にも応じてくれます。これは、真実を徹底的に追求することを目指した設計思想によるものです。

Grokには、通常の回答モード「Default Mode」のほか、回答をユーモラスに軽い口調で返す「Fun Mode」、特定のトピックについて専門知識を提供する「Expert Mode」、複数の視点から問題を考察し、反論のポイントを明示する「Debate Mode」、アイデアのブレインストーミングなどで使える、創造性を重視する「Creative Mode」、哲学的・倫理的、あるいは自己啓発的な回答を作成する「Reflective Mode」が用意されています。これらのモードは、プロンプトにモード名を含めることで利用できます。

また、マルチタスクに対応しているのも特徴の1つです。1つのスレッドで別の話題を始めても会話を続行できます。たとえば、宇宙旅行の質問中に急に料理のレシピをたずねても、Grokは2つの会話を同時進行できます。

Grokを利用するには、Xの「プレミアム」（月額980円）または「プレミアムプラス」（月額1960円）への加入が必要でしたが、現在無料ユーザーにも制限付きで機能が開放されています。

Grokはほかの生成AIサービスと比較して、どんな質問にも回答する特徴がある。また、回答の雰囲気を変更するモードを選べるなど、ユニークな特徴が多い

●デバイスに組み込まれて安全性を重視した「Apple Intelligence」

「Apple Intelligence（アップル インテリジェンス）」は、Appleがこれから新たに提供を開始するAIサービスです。Apple Intelligenceが他の生成AIサービスと比べて優位な点は、iPhoneやiPad、Macに組み込まれている点にあります。他の生成AIサービスでは、専用アプリを使うかWebブラウザーでアクセスして利用することがほとんどでしたが、Apple Intelligenceは普段使うアプリからすぐに利用できます。

たとえば、日常的に使うカメラアプリで画像を補正したり、メッセージを下書きしてもらったり、リマインダーの管理を自動化したりするなど、手間のかかる作業をサポートしてくれます。また、長期間にわたってユーザーの行動パターンを学習するため、使用するほどその機能は最適化され、よりパーソナライズされて便利になっていきます。

安全性に最大限配慮しているのもApple Intelligenceの特徴です。データの処理がすべてデバイス（iPhoneやiPad、Mac）内で行われるので、他の生成AIサービスのように、データがネット上に送信されません。これにより、個人データがインターネット上に漏れるリスクが大幅に減少します。なお、ローカルだけで処理できなかった場合、専用のサーバーへデータを送信して処理します。専用サーバーはアップル自身も解けない暗号化技術で保護されており、こちらでも安全性を重視する姿勢を見せています。

Apple Intelligenceは、一部の機能がリリースされており、日本で利用できるようになるのは2025年春ごろの予定です。利用できる端末は、A17 Proチップ以上を搭載したiPhoneとiPad、Mシリーズのチップを搭載したiPadです。なお、OSの一部として提供されるため、すべての機能が無料で利用可能です。

iPhoneやiPad、Macのアプリから利用できる生成AI。安全性を重視しており、原則としてすべての処理が端末内で行われる。外部サーバーを使うときも、強力な暗号化技術で情報を保護する

●「LLaMA」はMeta社が開発したオープンソース言語モデル

　「LLaMA（ラマ、Llama）」は、FacebookやInstagramを提供するMeta社が開発した大規模言語モデルです。2024年4月に発表された「Llama3」は、15兆以上のトークンで訓練されており、テキスト生成の精度が大幅に向上しました。自然言語処理の性能が高く、対話や翻訳、コード生成など、さまざまなタスクに対応できます。

　また、オープンソースで商用利用できるのも大きな特徴です。自由にソースコードへアクセスできるので、企業などでは独自のデータを学習させることが可能です。これにより、自分たちのニーズに応じた利用が可能です。

　Llamaは、Meta社が提供するAIアシスタント「Meta AI」を通して利用できます。しかし、現在はアメリカなど一部の国でのみ公開されており、日本からは利用できません。また、英語に特化したモデルのため、日本語はこれからの対応となる予定です。どうしても試したい場合は、GroqやLlamaを採用したPerplexity Labsなどのサービスを利用する必要があります。

LlamaはMeta AIを通して利用できるが、現在日本では未対応。ただし、Groq（https://groq.com/）やPerplexity Labsなど、Llamaを採用したサービスを利用すれば、Llamaの実力を試すことができる

CHAPTER 1
04 文章生成以外の生成AI事情

AIツールはクリエイターに大きな影響を与えた

　AIの急速な進化により、文章以外の創作にもその波が押し寄せてきています。画像、動画、音楽の分野でも革新的なAIツールが次々と登場し、クリエイターの可能性を広げつつあります。これらのAIサービスは、これまで高い技術と機材を必要とした品質のコンテンツを一瞬で生み出せます。これにより、ビジネスからプライベートのあらゆる場面で変革をもたらしています。ここでは、注目を集める最新のAIツールを紹介していきましょう。

●進化が著しい画像生成AIサービス

　プロンプトを入力することで、画像を生成できるのが画像生成AIです。「夕暮れの海辺でくつろぐ猫」「未来的な都市の風景」といったテキストを入力するだけで、それに合致する画像が数秒で生成されます。生成できる画像のジャンルも多種多様で、写真風の画像やイラスト風の画像など、プロンプト次第で自由に方向性を変えられます。

　一般的な画像生成AIは、学習データを与えてAI自ら学習する「機械学習」と呼ばれる方法を用い、この過程でAIは言葉と画像の関係性を理解していきます。画像を生成する際は、まずランダムなノイズから始めて、そこから徐々に求める画像の特徴が浮かび上がります。この技術は「拡散モデル」と呼ばれ、現在の画像生成AIの中核を担っています。

　代表的なサービスとしては、OpenAIが提供する「DALL-E」、アーティストの間で人気の高い「Midjourney」、オープンソースの「Stable Diffusion」、そしてAdobeが提供する「Firefly」などがあります。また、デザインツール「Canva」のように、ツール内に画像生成機能を持ち、作業中にすぐに呼び出して画像を生成できるものも登場してきました。

「Adobe Firefly」はテキストからの画像生成だけではなく、画像に対してスタイルを適用する機能が利用できる。著作権に配慮したAIで、同社がストックしている素材を使うことで、商用利用を明確にクリアしている

Canvaのマジック生成は、デザインの途中でもすぐに呼び出して画像を生成できる。作業の進行を妨げずに利用できるのが大きな強みだ

　画像生成AIには課題が少なくありません。技術面では、生成される画像の品質にばらつきがあることや、細部の正確性、特に人物の手や文字の描写などに課題が残っています。

　より深刻なのは、著作権や倫理の問題です。学習データとして使用された画像の著作権、生成された画像の権利関係、そしてアーティストの創作活動への影響など、多くの課題が未解決のままです。これにより、画像生成AIに対して忌避感を抱く人や、そもそも画像生成AIを敵視する人も少なくありません。たとえば、企業が画像生成AIを使って広告を作成すると、それだけでマイナスのイメージを抱く人もいます。また、ディープフェイクや偽情報の作成といった悪用の可能性も懸念されています。

　このような課題は残っていますが、これらは解決に向けて動き出しています。技術も法律も着実に進化しており、人の創造性を拡張する強力なツールとしてこれからも発展していくとみられています。

●動画生成AIは実写と見間違う動画も生成可能

　動画生成AIは、テキストや画像などから自動的に動画を生成します。専門的な知識や高価なソフトウェアを使わずに、短時間で高品質な動画の生成が可能です。広告動画や教育コンテンツ、プレゼンテーション用の動画など、さまざまな用途に対応できるので、利用者が急増しています。

　動画生成AIサービスでは、大規模な動画データセットを用いて学習された生成モデルが使用されています。AIはユーザーが入力したテキストの意図を理解し、それを視覚的な要素に変換して、連続した映像として出力します。この際、映像の一貫性、動きの自然さ、テキストの意図との整合性など、複数の要素を同時に考慮しながら生成します。

　方法としては、「画像から動画を生成」「テキストから動画を生成」の2つが主流です。前者はあらかじめ用意した静止画像をアップロードすれば、AIが自動的に数秒程度の動画を生成します。複数の画像をアップロードすれば、それらを組み合わせてアニメーション動画を生成することも可能です。後者は、動画のイメージや構図、アスペクト比などをテキストで指示すれば、

それに沿った動画を生成します。

　動画生成AIサービスの代表格に「Runway」「Pika」「Haiper AI」「Sora AI」「Hunyuan Video」などがあります。無料でお試し利用ができるサービスもあるので、実際に生成してみると、そのすごさを実感できるでしょう。

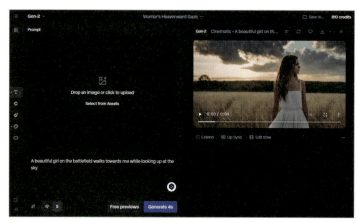

Runwayはテキストプロンプトを入力するだけで、実写レベルの動画をすぐに生成できる。これ以外にも動画をアップロードして編集したり、背景を除去したりできる

OpenAIが2024年12月に公開した「Sora AI」は、これまでの動画生成AIの性能を大幅に凌駕するといわれている

　動画生成AIにも課題が存在します。技術面では、高品質な動画生成には大きな計算リソースが必要とされ、長時間の動画生成には限界があります。現在のところ、簡単に生成できるのは数十秒程度の短いものに限られています。

　セキュリティとプライバシーの観点では、生成された動画が悪用される可能性や、ディープフェイクなどに対する懸念も存在しています。これらの課題に対しては、適切な利用ガイドラインの設定や問題点を指摘する準備が進められています。

●音楽生成AIでボーカル入りのオリジナル曲も自然な仕上がりに

　音楽生成AIもすさまじい速度で進化しています。インスト曲の作曲はもちろんのこと、ボーカル入りの楽曲も簡単に作れるようになってきました。これにより、プロの音楽家から音楽制作に興味を持つ初心者まで、誰でも簡単に高品質な楽曲の制作が可能になります。楽曲制作コストも削減でき、ブランディングや広告など、活用する場が広がっています。

　音楽生成AIは、おもに機械学習、特に深層学習技術に基づいています。大量の既存の楽曲データを学習することで、メロディー、ハーモニー、リズムのパターンを理解し、新しい音楽を生成します。特に近年は、トランスフォーマーモデルを活用することで、より自然で質の高い音楽生成が可能になってきています。

　代表的な音楽生成AIサービスには「Suno AI」「Stable Audio」などがあります。いずれもさまざまな音楽ジャンルやスタイルに対応しており、ビートの強弱やテンポの調整など、細かなカスタマイズも簡単に行うことができます。また、歌詞を入力し、曲のイメージを「Rock & Jazz Fusion」のように指定すれば、すぐに自分の歌詞を使ってその雰囲気の曲を生成できます。

音楽生成AIの「Suno」は、ジャンルやスタイルを指定するだけで、楽曲の生成が可能。また、歌詞を指定してボーカル入り楽曲も作れる。有料プランなら、作った楽曲を商用利用することも可能だ

　音楽生成AIの場合、著作権問題が深刻で、AIが学習データとして使用する楽曲の権利処理や、AI生成楽曲の著作権帰属について、まだ明確な法的枠組みが確立されていません。2024年4月、アメリカで活動する200名以上のアーティストが、「アーティストの権利を侵害し、価値を貶めている」として、音楽生成AIの開発に関する制限を求めるなどの公開書簡に署名しました。

　音楽生成AIは大きな可能性を秘めながらも、このような課題に直面しています。しかし、AIに関する常識は日々更新されており、課題の解決とともに、適切な環境が構築されていくでしょう。

Column

文章生成AIを使った
ユニークなアプリ

自然な会話を楽しめる「Cotomo」

Cotomo
（コトモ：音声会話型おしゃべりAI）
作者：Starley Inc.
価格：無料

「Cotomo」はコミュニケーション特化型の音声会話アプリ。1秒以内に返答するスピード感と適切な応答で、人と話すように自然な会話ができるのが特徴です。日常会話に特化しており、その会話を学習して成長するので、まるで友だちがそこにいるかのような感覚にとらわれます。

音声もユーザーの気持ちに寄り添う感情豊かなもので、4種類の中から好みのキャラクターを選択できます。音声だけでなく、会話のスピード、アイコンの変更など、自分の好みに合わせてカスタマイズすることも可能です。

利用は完全無料で、iPhoneとAndroidに対応してます。

自然な会話が可能なコミュニケーション特化型アプリ。友だちと会話をするような体験ができ、雑談したり、悩みを相談したりするなど、ストレスの解消などに役立つ

「OshaberiAI」は推しの少女とおしゃべりできる

OshaberiAI
作者：Yuji Ueki
価格：無料（アプリ内購入あり）

「OshaberiAI」は、ケモミミの少女と会話が楽しめるアプリ。指定したウェイクワードで話しかけると、「どうしたの？」と返事をしてくるので、あとは普通に会話が楽しめます。

キャラクターの3Dアバターは「Karin」が標準搭載されているほか、自分で用意したVRM形式の3Dモデルを導入できます。セリフの読み上げには「四国めたん」「ずんだもん」「春日部つむぎ」などの中から、好みに合ったボイスの選択が可能です。

このアプリの魅力は、やはり好きなようにカスタマイズできること。ウェイクワード、キャラクターの画面までの距離、カメラの高さ、会話速度などを細かく設定できるのが魅力です。

ケモミミの少女と会話が楽しめるアプリ。自分の好みのキャラクターにカスタマイズしていけるのが最大の特徴だ

CHAPTER

2

まずは
文章生成AIを
使いこなそう

「AIを使いこなせない人材は、もう必要ありません」と会社や取引先からいわれる日は、そう遠くないかもしれません。現在、ビジネスの最前線では、文章生成AIを駆使できる人とそうでない人との間に、決定的な格差が生まれつつあるといっても過言ではありません。本章では、生成AIで生じた新しい"波"に乗り遅れないため、必須ツールの文章生成AI「Claude」の実践的な活用法を徹底的に解説します。

CHAPTER

文章生成AIは
どんな場面で使えばいい?

ビジネスにもプライベートにも活用できる

　文章生成AIはここ数年で急速に進化し、さまざまな場面で役立つ存在になりつつあります。AIと聞くとビジネスでの活用を思い浮かべるかもしれませんが、プライベートな場面でもさまざまな用途が考えられます。文章生成AIは、どのようなときに使うと便利なのか、いくつか例を挙げてみましょう。

長文や難解な文書の解説

　文章生成AIと聞くと、すぐにAIに何かを書かせたくなりがちです。メールやレポートなどをAIに書かせることは、もちろん可能ですし、使い方としては十分あり得ます。

　しかし、AIが書いた文章をそのまま使えることは実際には少なく、「そういう場面じゃなくて、こういう状況だから」とAI相手に説明して修正させる手間がかかります。また、AIの文章に「あれ？ この文章、ちょっと変かも」と引っかかることもあります。

　そういった手間なしでAIの実力を知るには、すでに存在する文章の解説を依頼するといいでしょう。AIを使えば、文章全体の構造や意図を理解し、文脈をとらえたうえで要約が可能です。特に、内容が複雑・高度だったり、文章が長かったりする場合でも、核心となるポイントを見極め、全体の意味を損なわずに要約できます。たとえば、専門的なニュース記事であっても、その記事の重要なポイントを素早く把握できるので、情報収集を大きく効率化できます。

■ 難解な文書を瞬時に要約

厚生労働省が発行したPDFを読み込ませ、必要な情報を要約させた例。このように長文で難解な文書もわかりやすく要約してくれる

また、専門的な内容を含む長文や技術的な文書についても、必要に応じて難解な部分をわかりやすく解説しながら要約できます。たとえば、役所の文書は、日本人が書いたとは思えないほど難解なものが少なくありません。そのような文書で意味がわからない部分や手続きで重要な部分などを生成AIに問い合わせると、わかりやすく噛み砕いて説明してくれます。

これ以外には、音声データの要約といった使い方もあります。たとえば、会議やインタビューの録音を文字起こしし、このデータをAIに渡して要約を依頼すれば、ごく短い時間で要約できます。YouTubeの動画で、1時間を超えるような長尺のインタビューであっても、文字起こししたものをAIにかければ、一瞬で概要を知ることが可能です。

文章の作成補助

すでに述べたように、状況が込み入っているほど、適切な文章をAIに書かせるのは難しいといえます。たとえば、転任の挨拶などテンプレートが多数存在するような典型的なシチュエーションなら、AIでも簡単に「それらしい」文章を作成できます。しかし、シチュエーションが限定されてくると、AIに詳細な情報を与えない限り、思ったような出力を得ることはできません。

では、文章の作成にはAIが使えないのかというと、そんなことはありません。完成形を作ってもらおうと思うから「使えない」と感じるのであって、AIにサンプルやテンプレートを作ってもらい、それを自分で修正して実際の場面で使うのだと割り切れば、こんなに役に立つ「相棒」はいません。

文章作成でのAI使用のメリットを挙げるなら、まず多彩な文体に対応可能です。プロンプトに応じて、さまざまなトーンやスタイルで文章を生成できるので、カジュアルな会話調から、ビジネス向けのフォーマルな文体、さらには詩的で感情を込めた表現まで使い分けられます。

また、幅広いジャンルの文章作成に向いています。レポートや企画書、ブログ記事、商品説明など定型文でも対応可能な文章だけでなく、広告文やレビュー、小説、私的なメールなど、さまざまなニーズに応じた文章を作成できます。

さらに、専門知識に裏付けされた文章も得意分野の1つです。医学、科学、会計、法律など、専門的な知識が必要な分野であっても、精度の高い文章を生成できます。ただし、文章の内容が正しいことは担保されないので、自分の知識が及ばないジャンルの文章を書かせるときは注意すべきです。

外国語の翻訳

文章の要約や作成と並んで、使ってみたいのが文章生成AIによる翻訳です。従来の翻訳ツールと比べると、文脈に応じた自然な翻訳ができる点や、会話調の文章に強いという点にメリットがあります。

それに加え、いったん翻訳した文章をさらに修正するのも簡単です。ビジネス文書らしく堅くしたり、逆にカジュアルな調子にしたり、微妙なニュアンスも再現できて自由自在です。

AIは特定の業界用語や専門的な内容にも対応できるのも強みです。たとえば、医療や科学、法律といった分野の専門用語や内容の翻訳でも、ほかのツールと比べて適切な訳語を選ぶ傾向にあるなど、高品質な翻訳結果が期待できます。

■ AIはスラングや若者言葉を含む会話に強い

原文（英語）

A: Yooo fam, spill the tea! How'd that date go down?

B: Bruh... it was low-key the biggest L of my life. But yon first - how was yours?

A: No cap, it was straight fire! Sarah's literally goated. We were vibing so hard at this coffee spot.

B: Sheesh! Must be nice... Meanwhile I'm catching Ls. Jessica got hella triggered 'cause I was glued to my phone.

A: Oof, that's such an L move my guy. You were really doing that?

B: I mean... the boys were streaming the game and it was clutch time, ya feel me? But I wasn't being that sus!

A: dying laughing My brother in Christ, you're down bad! That's mad sus on a first date!

翻訳結果❶（ChatGPTによる）

A: よぉ、教えてくれよ！例のデート、どうだったんだよ？

B: うわ...正直、人生最大級の大敗（L）食らったわ。でもその前に、お前の方はどうだった？

A: ガチでヤバかった。サラ、マジで神ってたよ。カフェでめっちゃフィーリング合いまくりだったんだよ。

B: うわ、いいなぁ... 俺は負けムーブ連発だよ。ジェシカなんて、俺がずっとスマホ見てたせいでブチギレだし。

A: おいおい、それマジで痛い手だろ？ホントにそんなことしてたのか？

B: だってさ、仲間が試合配信してて、しかも超勝負どころだったんだぜ？わかるだろ？ そんなに怪しかったかな？

A:（笑いこらえきれず）なあ兄弟、それはヤバいわ！初デートでそれはガチでアウト。

翻訳結果❷（DeepLによる）

A: よぉ家族よ、お茶をこぼしてくれ！デートはどうだった？

B: ああ...地味に人生最大のLだったよ。その前に、君はどうだった？

A: ノーキャップ！サラは文字通り興奮してた。このコーヒー・スポットで、俺たちすごくバイブスしてたんだ。

B: しまった！そりゃいや。その間、僕はLをキャッチしてたんだ。僕が携帯に釘付けになってたから、ジェシカがすごい勢いでLを仕掛けてきたんだ。

A: あら、それはLの動きね。本当にそんなことしてたの？

B: つまり...男の子たちは試合をストリーミングしてたんだ。でも、そんなことはしてないよ！

A: 笑いが止まらない！初デートでその態度はないだろ！

翻訳結果❸（Google翻訳による）

A: おい、ファミリー、秘密を漏らして！あのデートはどうだった？

B: おいおい、あれは控えめに言っても人生最大の失敗だった。でも、その前に、お前のはどうだった？

A: 冗談じゃない、最高だった！サラは文字通りヤギみたいだ。私たちはこのコーヒーショップですごく盛り上がっていた。

B: うわあ！いい感じだろうな … その間に私は負けている。私が携帯に釘付けになっていたから、ジェシカはすごく怒っていた。

A: うわあ、それは本当に負ける動きだよ、君。本当にそんなことしてたの？

B: つまり…男の子たちが試合をストリーミングしていて、大事な時だったんだよ、分かるだろ？でも私はそんなに疑ってなかったよ！

A: 笑い死にそう キリスト教徒の兄弟、君はひどく落ち込んでるよ！初デートでそんな疑ってるのはおかしいよ！

ChatGPTの訳文が最も自然だ。DeepLは若者言葉に対応できていない部分がある。Google翻訳は、意味不明な部分が随所に見られる

▶▶▶ プログラミングの補助

　文章生成AIは、多くのプログラミング言語に対応し、指示された目的に合ったコードを生成できます。たとえば、「ユーザー登録フォーム」「データの可視化」「データベースへの接続」など、特定の目的を説明すると、それに応じたコードを一瞬で生成します。また、コードを与えれば、そのコードを分析して解説したり修正したりすることもできます。プログラマーがうまく使えば、かなりの省力化につながることでしょう。

　プログラマー以外にとっても、コード生成機能は有用です。プログラミングを学習したいとき、コードをAIに読み込ませて全体の流れを解説させたり、コメントを追加させたり、各部分の意味を質問したりすることによって、コード全体への理解が深まります。

　もっと実践的な使い方としては、簡単なプログラムを作るのにもAIは使えます。プログラミング言語を指定して、前提となる条件を与え、データの処理方法や出力形式を決めれば、実務に使えるアプリも作成可能です。

たとえば、PDFからコメントが付いたページだけを抜き出して1つのPDFにまとめるPythonのプログラムや、与えられた住所を総務省が公開している市区町村リストと照合して、都道府県・市区町村・それ以降に分割するExcel VBAのプログラムなどが作成できます。

これまで、プログラミングのスキルを十分持たない人がプログラムの開発をしたいとき、プログラミングをイチから勉強するしか選択肢はなかったといえます。しかし、AIの登場により、AIの強力な補助を受けつつ、プログラムを制作するという選択肢ができました。

■ 言語と作成する内容を指示するだけで生成できる

PythonでCSVファイルを読み込み、データの基本統計を表示するコードを生成した例。プロンプトでその旨を指示すれば解説付きでコードを生成してくれる

》》表やグラフの生成

文章生成AIは表やグラフの生成に対応しているものもあります。もととなるデータを渡せば、データを適切に整理し、見やすい表やグラフに変換できます。自分でExcelなどのアプリを使って細かい操作をする必要がなくなるので、シチュエーションによっては大変便利に使えます。レポート作成に試してみたい機能です。

■ もとのデータを渡せばグラフもすぐに生成可能

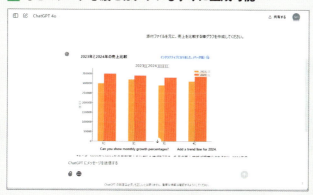

売上データを渡してグラフ化した例。このように手軽にグラフも作成できる。なお、日本語に対応していないケースがあることに注意が必要だ

文章生成には「Claude」がいい！その理由は？どこが優れている？

「Claude」は文脈の理解力と表現力に優れている

　生成AIのおもな活用方法に文章の生成があります。時間も手間もかかる文章生成をAIに任せてしまえば、日常生活や仕事の進め方が大きく変わることでしょう。しかし、文章生成AIとして、数あるツールの中からどれを選べばよいのか悩んでいる人は少なくありません。その中で、最も注目を集めているのが、Anthropic社が開発した「Claude」です。

　Anthropic社は、2021年にOpenAIの元メンバーによって設立されたスタートアップ企業です。おもな事業は、大規模言語モデル（LLM）の研究開発と、それを活用したAIアシスタントの提供です。Anthropic社はAIの安全性と倫理性を重視しつつ、高度な技術開発を行う企業として注目を集めています。

　Claudeが他の文章生成AIよりも優れているといわれているのが、自然な文章を生成できる点です。Claudeが採用する大規模言語モデル「Claude 3.5 Sonnet」は、ユーザーの意図を的確に反映し、非常に読みやすく高品質な文章を生成するのが特徴です。

　また、Claudeが優れているのは、文脈に応じた適切な言い回しで、読者の理解度や興味に合わせて表現できる点です。たとえば、専門家向けの技術文書では精緻な表現を用い、一般読者向けの記事なら平易な言葉で説明するといったように使い分けられます。

　さらに、感情的なニュアンスや文体のトーンをプロンプトで指示できる点も優れています。たとえば、ビジネス文書なら堅い文体を指示し、ブログ記事などではカジュアルな語り口にするように指示できます。つまり、状況に応じて適切な文体を選択できるのです。これにより、メール、報告書、創作文章など、あらゆる種類の文章作成で、まるで人が書いたかのような自然な文章を生成できます。

長文の処理や複雑なタスクに対応できる

　Claudeは、ほかのAIでは苦手とすることが多い「長い文章の処理」や「複雑な指示への対応」にも優れています。たとえば、数千字におよぶ論文やレポートを分析して報告書などを作成する場合、内容を深く理解し、重要なポイントを的確に抽出しなければなりません。また、複数の条件や制約が含まれる複雑なプロンプトに対しても、それぞれの条件を正確に理解し、優先順位を付けながら対応していく必要があります。

長文の処理においても、Claudeは単なる要点の羅列ではなく、文章の意図や背景まで考慮した深い理解を示して回答をします。また、複数の情報源からデータを統合する際には、それぞれの情報の関連性や重要度を見極めながら、一貫性のある形でまとめ上げます。

　また、AIでは「前に交わした会話の内容を忘れてしまい、妙な回答をする」という現象が起こりがちです。これを避けるには、会話を続けるにあたって、前提条件を再度伝える必要があって面倒です。しかし、Claudeは会話の文脈を長く保持できるので、過去の会話内容を参照しながら矛盾のない対話が続けられます。

倫理的で公平な回答を生成できる

　公表する文書では、日本語の文章としての品質が重要なのはもちろんですが、内容においても有害だったり不適切だったりすることがないように注意する必要があります。Claudeはこの点においても優れており、AIが問題のある内容を生成しないようにする機能が備わっています。

　Claudeは「憲法AI」と呼ばれる独自の技術を採用しており、差別的な表現や暴力的な内容を含む有害な情報の生成を抑制します。これにより、AIはセンシティブな話題に関して中立的かつ倫理的な立場を保ち、ユーザーからの質問に対して適切な応答を行います。

　また、Claudeは入力された内容をフィルタリングし、不適切な内容を特定する機能があります。具体的には、質問に有害、または違法な内容が含まれないかを判断してフィルタリングします。さらに、キーワードのチェックも行い、使うべきでない言葉や企業ポリシーに反する表現を出力しないように設定されています。

ClaudeはChatGPTより優れている？

　ClaudeとChatGPTは、どちらも優れた文章生成能力を持つ生成AIですが、それぞれ異なる特徴を持っています。この2つのサービスを比較したものが次の表です。

	Claude	ChatGPT
料金	無料プラン：無料 有料プラン：月額20ドル	無料プラン：無料 有料プラン：月額20ドル
言語モデル （無料プランの場合）	Claude 3.5 Sonnet	GPT-4o mini
読み込める文字数	最大20万トークン	最大12万8000トークン
ネットへの接続	×	○
データ入力	○	○
画像生成	×	○

ClaudeとChatGPTを比較すると、料金などは大きく変わらない。ただし、ネット接続や画像生成には対応しない。Claudeに課金するなら、その点に注意したい

CHAPTER 2 Claude

06 文学的な表現もビジネス文書も「Claude」で作成できる！

最初に「Artifacts」の設定を確認する

　Claudeの使い方は、ChatGPTなど他の生成AIサービスと同じで、ホーム画面の中央に表示されているボックスにプロンプトを入力すると会話が始まります。Claude独自の機能である「Artifacts」は文章生成の際に利用すると便利ですが、どんな場合でも使えるわけではありません。レポートやメール、プレゼンテーションなどの文章で、かつ「15行以上の実質的な内容がある文章」を作成する場合に自動的に起動します。
　なお、「Artifacts」は設定画面の「Enable artifacts」をオンにしていないと利用できません。もし、「Artifacts」が利用できない場合は、設定項目を見直しておきましょう。

1 設定画面を表示する

画面の左側にマウスを合わせるとサイドバーが表示される。この下にあるメールアドレス→「Settings」の順にクリックする

2 「Enable artifacts」をオンにする

設定画面が表示されるので、「Enable artifacts」をオンにする

感情にあふれる文学的表現を作ってみよう

　ここからは、Claudeで実際にどのような文章が作成できるかを、プロンプトと一緒に確認していきましょう。まず、Claudeは文学的な表現を得意としています。特に、人間の感情や感覚を繊細に描写すると、ほかのAIよりも没入感の高い文章を生成できます。

　また、情景描写と登場人物の心理を自然に融合させることで、より深みのある表現も可能です。さらに、比喩や象徴を用いた重層的な表現を織り込むことで、読者の想像力を刺激するような文章を生成できます。ここでは次のプロンプトで文章を生成しました。

> **プロンプト**
> 「雨上がりの朝」という情景を描写してください。都会の通勤時間帯を舞台に、五感を使った表現を含め、大人と子供の対比が感じられるような短い文章を書いてください。

　このようなプロンプトで生成すると、人間の感情や心理までも含めた重層的な表現を行います。小説のような文学的表現も簡単に生成できるのがClaudeの強みです。

■ 繊細な描写が得意

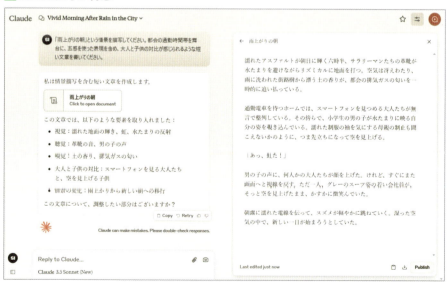

Claudeは単なる情景描写を超えて、人間の感情や心理までも含めた重層的な表現を得意とする

説得力のあるビジネス文書も得意

　Claudeは、ビジネス文書や公的な文書など、フォーマルな文章生成にも優れています。生成する文章の内容から適切な文体を判断し、論理的な文章を生成できます。これにより、ビジネスの現場で求められる高品質な文書作成にも十分使えるでしょう。たとえば、プレスリリースを作るために、次のようなプロンプトで文章を生成してみます。

> **プロンプト**
> AIを活用した業務効率化ソリューションの新製品発表プレスリリースを作成してください。
> ・製品名：SmartWork Pro
> ・特徴：自然言語処理による文書作成の効率化、クラウドベース、充実したサポート
> ・価格：初期費用19.8万円、月額4,980円/ユーザー
> ・導入効果：生産性35％向上

　このプロンプトだと、正しいビジネス用語を使用しながら、簡潔で正確な文章を生成できます。さらに、プロンプトで指示した意図を理解して文章を生成しますので、伝えたいことが正しく含まれます。ただし、Claudeは最新の情報を収集できないため、現在の情報を含む文章を書かせる場合は正しいデータをプロンプトに含める必要があります。

■ 意図に沿ったビジネス文書を生成できる

プロンプトで文書の目的を明示しておけば、その目的に合った構成で文章を生成する。ただし、文書に含めるべき最新情報などはプロンプトで指示しておく必要がある点に注意したい

わかりやすい技術文書・説明文も作成できる

　技術文書などを一般読者にわかりやすく解説したい場合、Claudeは噛み砕いた文章を生成できます。複雑な概念を持つものであっても、段階的に説明し、必要に応じて専門用語を平易な言葉に置き換えます。また、具体例や比喩を効果的に使用するので、抽象的な概念をわかりやすく伝えられます。たとえば、ブロックチェーンについて解説するため、次のプロンプトで文章を生成するケースを考えてみましょう。

> **プロンプト**
> ブロックチェーン技術について、技術に詳しくない一般読者向けに説明する文章を書いてください。
> ・基本的な仕組みを分かりやすく
> ・身近な例えを使って説明
> ・専門用語は必要最小限に

　この場合、一般読者に読んでもらうために専門用語をできるだけ噛み砕いて説明する文章を生成します。このように難解な文章であっても、Claudeならわかりやすく書いてくれます。

　また、もとの文章をわかりやすくすることも可能です。そのため、既存の社内文書をリニューアルする場合や、仕様書からマニュアルを作るような場面で活用すると効率的です。サポートサイトなどに掲載する文書作成に使ってもいいでしょう。

■ 複雑な概念も平易に説明できる

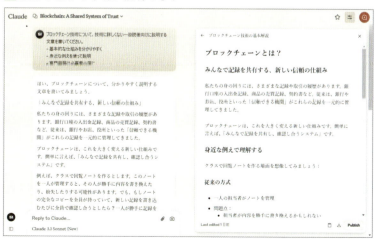

複雑な概念を持つものを専門的な用語を使わず、段階的に説明することも簡単にできる。このような特徴から、社内文書からマニュアルまで幅広く応用できる

読まれやすいブログ記事やSNS投稿を作成する

　ブログの記事なども、Claudeに作りたい記事のテーマを与えるだけで、読者の興味を引き付ける文章を作成できます。もし、ブログなどで収益化を目指している場合、SEO対策も非常に重要です。この場合は、読者ターゲットやSEO対象のキーワードなどをプロンプトで指示しておくといいでしょう。

　すると、ClaudeはSEOを意識した見出しと構成を考え、読者の課題や悩みに共感する導入部を作成します。また、ブログ記事を適切に構造化し、検索エンジンがスキャンしやすい文章で作成します。

> **プロンプト**
> ガーデニング初心者向けに、次の条件を満たす具体的で実用的なブログ記事を作成してください。
> ・ターゲット：ガーデニングに興味はあるが始められていない人
> ・トーン：親しみやすく、励ましの要素を含める
> ・構成：目次を含め、実践的な内容であることが分かるように
> ・キーワード：ガーデニング初心者、簡単なガーデニングの始め方、初心者におすすめの植物

　そのほか、SNSの投稿を考えるのにもピッタリです。特にX（旧Twitter）では収益化が図れるので、バズる投稿を考えるのに使うのも非常に効果的です。Claudeに投稿するSNSとテーマを伝えれば、多くの人に共感を得られやすい投稿を考えてくれます。

■ 魅力的な記事や投稿を作成できる

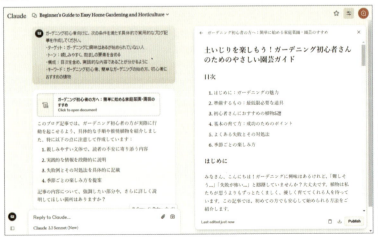

作りたいテーマを伝えるだけで、SEO対策の施されたブログ記事を生成できる。ただし、テーマだけだと大雑把になりやすいので、ターゲットやキーワードなどは必ず指定したほうがよい

説得力のあるレビュー・感想文を書く

　レビューや感想文などを作成する場面でも、Claudeは威力を発揮します。たとえば映画レビューを書きたい場合、レビューの方向性を指示するだけで、具体的な根拠を示して客観的な分析を行いつつ、主観的な感想をバランスよく配置した文章を生成します。

> **プロンプト**
> 以下の要素を含む映画レビューを書いてください。
> ・SF映画『インターステラー』のレビュー
> ・1000字程度
> ・作品の特徴を具体的に分析
> ・視聴者への推薦を含める
> ・ネタバレは控えめに
> ・評価は5段階で

　このプロンプトで高品質な映画レビューを生成できました。注意したいのは、Claudeはインターネット上の情報を収集できないため、最新の作品などには対応できない点です。「Claude 3.5 Sonnet」は2024年4月までのデータで訓練されているため、それより新しいものには対応できません。もし無理やり書かせると、ハルシネーションを起こして、その作品とはまったく関係ない内容のレビューを出力します。

■ 指示に応じたレビューを作成

作品名やレビューのテイストなどを指示すると、それに合わせた高品質な映画レビューを生成できる。最新の情報に対応できない点だけは注意しよう

CHAPTER 2　Claude

07 知らなければ使いこなせない！ ユーザー必須のテクニック

▶「プロンプト」は今でもClaude利用で最重要

　生成AIへ指示する文章を「プロンプト」といいます。ChatGPTなど文章生成AIが登場した当初は、「プロンプトの工夫こそ最も重要だ」とされていました。実際に、細かい工夫によって出力結果が大きく変わるのが常識で、ネットでも細かい工夫が利用テクニックとして頻繁に紹介されていました。

　しかし、よく考えてみてください。出力結果の品質を上げるために、人間が一生懸命プロンプトをこね回したり、テクニックの検索に時間を使ったりするのは本末転倒です。人間が要望を出すだけで、高品質な結果を得られるのが本来の姿です。そのため、ChatGPTの登場以来、生成AIはプロンプトを工夫しなくても高品質な回答を得られるよう、進化してきました。

　とはいえ、AIは、私たちが与えたプロンプトに基づいて動作するため、プロンプトの内容が不明瞭であれば、返ってくる答えも曖昧になります。逆に、プロンプトが具体的で明確であれば、AIはより正確かつ有用な情報を提供してくれます。たとえば旅行プランを計画してもらいたい場合、「どこに行くべきか教えて」ではなく、「東京でおすすめの観光スポットを3つ教えて」といったように詳細な情報を与えることで、AIの回答の質が劇的に向上します。

　このように、AIの真の力を引き出すためには、明確で具体的なプロンプトを用意すること、つまり回答で満たすべき条件をはっきりとプロンプトに盛り込むことが非常に重要です。これはどの生成AIに対しても共通していえることで、Claudeも例外ではありません。Claudeに対して「何を求めているのか」「どのように考えてほしいのか」をしっかりと伝えることこそが、高品質な回答を得るための近道となります。

▶ プロンプトの基本的な要素はこれだ！

　プロンプトには、いくつかの基本的な要素があります。これらの要素を組み合わせることで、Claudeがより正確に意図を理解し、期待に沿った回答を生成してくれるようになります。

●タスクの目的や背景

はじめに、「タスクの目的や背景」を明確にすることが重要です。Claudeに対して何を達成したいのか、なぜそのタスクが必要なのかを伝えることで、その指示を適切に解釈するようになります。

たとえば、「新しいマーケティングキャンペーンのアイデアを出してほしい」という代わりに、「若年層向けの新しいマーケティングキャンペーンを考えています。特にSNSでの拡散力を重視したアイデアを求めています」といったように、目的や背景を具体的に伝えることで、より的確な回答が期待できます。

●役割や立場

「役割や立場」を指定することも効果的です。Claudeにどのような立場で回答してほしいかを明示することで、AIがその役割に沿った情報を提供するようになります。

たとえば、「あなたは歴史の専門家です」と設定することで、専門知識を活かした応答を期待できます。また、「小学生に説明するつもりで回答してください」と指示することで、難しい概念をシンプルにわかりやすく説明してもらうことも可能です。このように、役割や立場を設定することで、応答のトーンや内容をコントロールしやすくなります。

●具体的な指示や情報の提示

プロンプトに「具体的な指示や情報の提示」を含むことは重要なカギになります。Claudeに何をしてほしいのか、どのような情報が必要なのかをできるだけ詳細に伝えることが、期待する結果を得るために欠かせません。

たとえば、「新製品の特徴を教えてください」ではなく、「新製品のおもな特徴を3つ挙げ、それぞれの利点について簡単に説明してください」といったように、具体的な指示を与えることで、求めている情報をAIが正確に提供しやすくなります。

●出力形式や制約条件

最後に「出力形式や制約条件」を明記することも大切です。Claudeに対して回答の形式や制約条件を指定することで、より適切な形での回答につながります。もし、出力形式や制約条件を指定しない場合、Claudeは自由に回答を生成するため、必要以上に長くなったり、形式がばらばらになったりすることがあります。

たとえば、「箇条書きで回答してほしい」「段落で答えて欲しい（＝箇条書きを使わずに回答する）」「300文字以内で簡潔にまとめてほしい」「回答は日本語で」といったように、出力に関する条件を伝えることで、求める形式での応答を得ることができます。ただし、文字数の厳密な指定はできません。

実践的なプロンプト作成のコツ

Claudeで効果的に回答を得るには、いくつかのコツがあります。場面に応じてこれらのコツを使いこなせば、より的確な回答が得られるでしょう。

●タスクを「因数分解」する

Claudeの効果的な使用方法の1つに、「タスクの因数分解」という考え方があります。これは、タスク全体の構成要素を洗い出し、関係性や優先度を分析します。そして、各構成要素に応じた具体的な質問を段階的に行う方法です。

たとえば、「プレゼンテーションを作る」という大きなタスクがある場合、「まずテーマを決める」「次に構成を考える」「その後に具体的な内容を埋める」といった小さなステップに分けて、各ステップごとにClaudeに質問するのです。

このように質問することで、Claudeは各ステップに対してより的確なアドバイスを提供しやすくなります。プロンプトを細かく分けて指示することで、全体としてより質の高い結果が得られます。

●ステップ・バイ・ステップで指示する

Claudeに対して複雑なタスクを依頼する場合、一度にすべての情報を与えるのではなく、段階的に指示を出すと効果的です。これを「ステップ・バイ・ステップのアプローチ」と呼びます。この方法は、課題の解決や情報の深掘りを試みる際に非常に有効です。

たとえば、ある課題を解決したい場合、「まず問題の概要を整理してください」「次に、問題の原因を深掘りしてください」「最後に、解決策の候補を挙げて、それぞれの利点と欠点を比較してください」といった形で段階的に依頼することができます。

このアプローチでは、前のステップで得られた情報を次のステップに反映させることで、Claudeの回答がより具体的で精度の高いものになります。また、タスクの進捗を管理しやすく、修正が必要な場合にも迅速に対応できるという利点があります。

●水平思考を取り入れる

新しいアイデアがほしい場合は、水平思考を実行するように指示するといいでしょう。水平思考とは、物事を自由に考え、新しいアイデアを生み出すための方法で、Claudeにアイデアを出してもらう際には、このアプローチが役立ちます。

たとえば、「この問題についてまったく異なる視点からアイデアを出してみて」といったプロンプトを使うことで、Claudeが通常とは異なる視点を提供してくれることがあります。また、「もし◯◯がなかったらどうなるか考えてみて」といった問いかけも効果的です。こうしたプロンプトを使うことで、従来の枠にとらわれない創造的なアイデアが得られる可能性が高くなります。

Claudeのプロンプトライブラリを参考にする

　Anthropic社では、Claude向けの公式プロンプト集を公開しており、ビジネスや個人用タスクなど、さまざまな用途に応じた64種類のプロンプトが掲載されています。それらは、専門家が検討して最適な回答が得られるように設計されており、どれも参考になるものばかりです。

　プロンプトは「System」（システムプロンプト）と「User」（ユーザープロンプト）の2つが掲載されています。システムプロンプトは、質問の前提条件となる記述のサンプルで、ユーザープロンプトは実際の質問文のサンプルです。この2つの記述を参考にプロンプトを作成・入力すると精度の高い回答が得られるようになります。

1 プロンプトライブラリを表示する

プロンプトライブラリ（https://docs.anthropic.com/ja/prompt-library/library）にアクセスする。このページではジャンルごとに64種類のプロンプトが整理されている

2 プロンプトを確認する

掲載されているプロンプトには「System」（システムプロンプト）と「User」（ユーザープロンプト）の2つがあり、これを参考にしてプロンプトを作成すると精度の高い回答が得られる

OpenAIのプロンプトジェネレーターで自動生成

　AIをうまく使いこなせないと感じる人の大半は、プロンプトをうまく作ることができていません。このような場合は、「プロンプトジェネレーター」を使うのも1つの方法です。これは生成AIに指示を出すためのプロンプトを生成してくれるツールのことで、何を質問するべきか、どのように質問をするのかということを明確にしてくれます。

　代表的なプロンプトジェネレーターは、ChatGPTのOpenAIが公開しているものです。このツールの特徴は、簡単な指示をするだけで日本語のプロンプトを生成してくれる点にあります。もちろん、作成されたプロンプトはClaudeでも問題なく利用できるので、活用すると的確な回答が得られやすくなります。

1 言語モデルなどを設定する

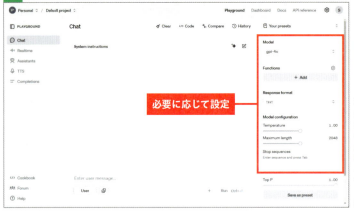

OpenAI developer platformの「Chat Playground」のページ（https://platform.openai.com/playground/chat）を開いて、ChatGPTのアカウントでログインする。画面の右側で、使用する言語モデルなどを設定できる。通常は初期状態のままで問題ない

2 生成したいプロンプトを入力する

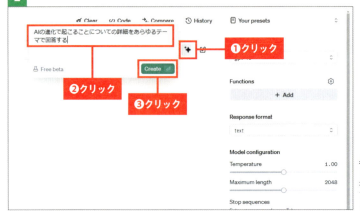

星形のアイコンをクリックする。入力欄が表示されるので、作りたいプロンプトを入力し、「Create」をクリックする

3 プロンプトが生成される

これでプロンプトが生成される。このあとは、プロンプトをコピーしてClaudeに入力して送信すればよい

> **Column** プロンプトジェネレーターは課金が必要
>
> ChatGPTのプロンプトジェネレーターはAPIベースで動作しており、利用したぶんだけ料金が発生します。なお、API利用料金はChatGPT Plusとは別の扱いになるため、利用するにはクレジットカードを登録します。そのあと、料金をチャージすると、その料金分だけプロンプトジェネレーターが利用できます。
>
>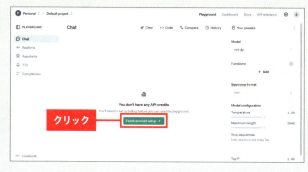
>
> クレジットカードが登録されていない場合、プロンプト作成画面で「Finish account setup」というボタンが表示される。ここをクリックし、遷移先の画面でクレジットカードの登録とチャージを行う

CHAPTER 2 まずは文章生成AIを使いこなそう

Column

ChatGPTも高機能化！「キャンバス」を使いこなそう

　ChatGPTで文章やプログラムコードを生成する場合、使うと便利な機能が「キャンバス」です。これはClaudeの「Artifacts」に近い機能で、チャット画面と生成画面が分割表示され、チャットで指示を出すとリアルタイムで文章やコードを編集できるというものです。現時点でキャンバスは有料プランのユーザーのみ利用できますが、将来的にはすべてのユーザーが利用できる予定になっています。

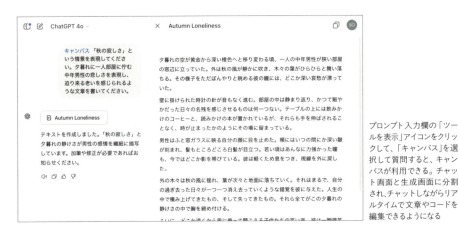

プロンプト入力欄の「ツールを表示」アイコンをクリックして、「キャンバス」を選択して質問すると、キャンバスが利用できる。チャット画面と生成画面に分割され、チャットしながらリアルタイムで文章やコードを編集できるようになる

　キャンバス独自の機能として、エディタの右下にある鉛筆アイコンからさまざまな指示が可能です。たとえば、「読みやすさの調整」を指示すれば、文章の流れや構造を修正し、指定したレベルに書き換えられます。「文の長さの調整」では、「もっと長く」や「もっと短く」などの指示が可能で、指定した範囲の長さを調整できます。なお、この編集機能は、テキストとコーディングのそれぞれに合った機能が使えるようになっています。

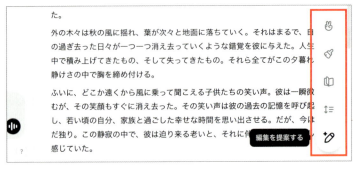

生成画面の右下にある鉛筆アイコンをクリックすると、文の長さや指定したレベルへの書き換えなどを指示できる

CHAPTER

3

Webの情報を
生成AIで
まとめるには

検索といえば、Googleで「ググる」——そんな常識はもはや時代遅れになりつつあります。Googleの検索結果には、信頼できない情報源やSEOの罠、そして悪質な広告が溢れています。現代の情報収集は、底なし沼のような非効率さに陥っているのです。本章では、そういった事態を解決するために、AI検索エンジンを紹介しています。これらを使いこなすことで、情報収集力は大きく跳ね上がるでしょう。

CHAPTER 3

ポンコツGoogleを捨てて生成AIを使おう！

キーワード検索は限界を迎えつつある

　近年、Googleのキーワード検索が抱える問題が大きくなってきています。問題はおもに2つあります。1つは過剰なSEO対策による検索結果の質の低下、もう1つは広告と検索結果の混同によるものです。

　まず、過剰なSEO対策についてですが、検索するキーワードによっては情報量の少ない＝役に立たない情報しか得られないサイトが上位に表示される現象が多くなってきました。この問題は、生成AIが登場し、一般的に使われるようになってさらに大きくなっています。なぜなら、AI登場以前は最低限のレベルの文章を書くにも人の手が必要となり、そこには少ないとはいえ、ある程度のコストがかかっていたからです。ところが、AIを使えば、文章生成のコストを大きく下げることができます。そのため、ますます価値の低いコンテンツが増えています。

　また、広告と検索結果の混同も大きな問題です。本来、広告はそれ以外のコンテンツとは、明確に区別されねばなりません。ところが、広告を掲載する媒体側は、広告へのアクセスを増やさねば広告費を稼げないため、あの手この手で広告とそれ以外の区別がしづらくなるようにしています。検索サイトもまた同じであり、検索結果の上位に広告スペースを設けるだけでなく、色使いなどデザインもわかりにくくしています。そのため、ユーザーが誤って広告をクリックしてしまうケースが増えてしまいます。たとえば、転居先で電気を使いたくて東京電力と契約したいと思って「東京電力　開始手続き」で検索しても、広告から新電力のページに辿り着いてしまうことが実際にあるのです。

■ 検索すると広告が最上位に表示される

広告が先頭に表示される

検索結果の上位がスポンサーによる広告で埋め尽くされている例。「スポンサー」と書かれているが紛らわしく、誤って開いてしまうことも少なくない

このような問題に対しては、Googleが検索エンジンのアルゴリズムをアップデートして改善を試みています。しかし、アルゴリズムがアップデートされても大手サイトが優遇され、有益な情報を発信している弱小サイトの検索順位は下がったままであるなど、大きな改善は見られません。このように、キーワード検索でほしい情報を見つけるのは限界を迎えつつあります。

検索すること自体が負担になる

ほかに「検索すること自体が負担」という問題もあります。キーワード検索は、多くのリンクを辿りながら必要な情報を探し出し、その情報を自分自身で再構成しなければなりません。あるテーマについて調べたいなら、複数のリンクを開き、それぞれの内容を読み込んで、必要な情報を整理する必要があります。

たとえば、収益だけを目指した低品質なサイトに辿り着いてしまうと、無駄に長いうえに情報の信頼性も低く、参考にならないのが現状です。また、複数のサイトを巡回すると、それぞれ異なる観点から情報を提供していることもあり、それらをまとめるのには相当な労力が必要です。さらに、同じテーマについて、まったく正反対の意見を掲載しているケースも多く、判断に迷うことが少なくありません。

■ 複数のサイトを巡回しなければならない

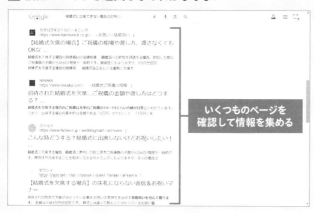

キーワード検索の場合、情報をまとめるのに複数のサイトをひとつひとつ確認していかなければならない。これは大きな負担だ

このように、キーワード検索で情報を正しくまとめるにはかなりの労力が必要です。慣れていない人にとっては、非常に困難な作業になってしまいます。生成AIを使えば、このような検索の課題を簡単に解消することができるのです。

生成AIなら一発で回答が得られる

　キーワード検索では、適切なキーワードを入力したうえで、複数のサイトの中から目的に合った情報を掲載していると思われるものを選択し、さらに読み込んで内容を吟味する必要があります。入力するキーワードも自分で読み込むサイトも、選び方をミスしてしまうと、求める情報に辿り着かない恐れがあります。

　これに対して、AIを使えば、これらの手順を省略して求める情報を直接得ることができます。キーワードの羅列ではなく、話し言葉で入力することも可能です。検索にヒットしたリンク先のサイトを開いて読むというステップも省略できるので、短時間で回答が得られます。

　たとえば、関ヶ原の合戦の概要をまとめる場合、AIに質問すれば、歴史的に起こったことなどを整理し、わかりやすい形でまとめてくれます。さらに、プロンプトで指示すれば、YouTubeで公開する「ゆっくり動画」の脚本の下書きを作成してもらうこともできます。このように、ユーザーの意図に応じて柔軟に対応してくれるので、効率的に作業を進められます。実際に利用してみると、その利便性を実感することができるでしょう。

■ 情報を一括で収集して加工もできる

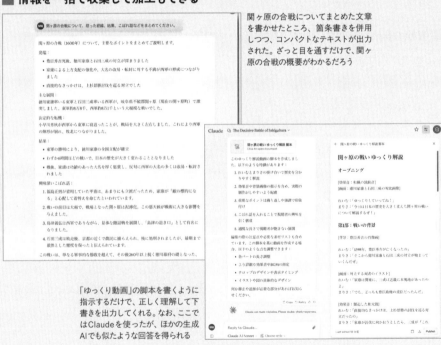

関ヶ原の合戦についてまとめた文章を書かせたところ、箇条書きを併用しつつ、コンパクトなテキストが出力された。ざっと目を通すだけで、関ヶ原の合戦の概要がわかるだろう

「ゆっくり動画」の脚本を書くように指示するだけで、正しく理解して下書きを出力してくれる。なお、ここではClaudeを使ったが、ほかの生成AIでも似たような回答を得られる

Google検索でもAIを使い始めたが精度はイマイチ

　最近、Google検索でもAIの要素を取り入れ始めており、検索結果の上位にAIによる回答や要約などが表示されることがあります。ただし、すべての検索で表示されるわけではなく、利用できるシーンは限定的です。また、専門的な情報や具体的なアドバイスが必要な場合、Google検索のAIでは十分な結果が得られないことも少なくありません。

■ たまにAIによる回答が表示される

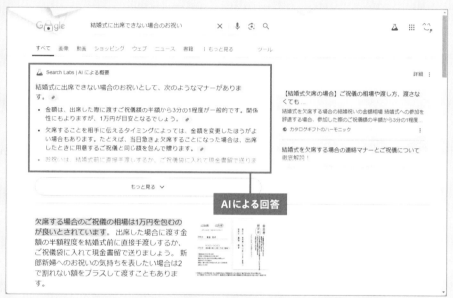

検索内容によってはAIによる回答が表示される。しかし、質問の趣旨と異なる回答が表示されるケースも少なくない

　確実に検索においてAIの利便性を享受するには、情報の検索から整理までを一貫して行える専用のAI検索エンジンを利用するのがベストです。たとえば、専門的なレポート作成や複雑なデータ分析など、従来の検索エンジンでは時間と労力がかかっていた作業も、AI検索エンジンを使うことで効率的に行えるようになります。

　これにより快適な情報収集が可能となり、ユーザーは本来自分がやるべきことに集中できます。また、AI検索エンジンはユーザーのニーズに応じてカスタマイズできるので、個々のユーザーに最適化された回答が得やすいといえます。

　ただし、ハルシネーションには注意が必要です。AI検索エンジンが正しいように見える回答を出しても、実際には誤りを含む場合もあります。そのため、回答は鵜呑みにせず、ほかの情報源にあたって事実確認を行う必要があります。

CHAPTER 3 08 ChatGPT "脱Google"の第一歩！「ChatGPT search」を使う

最新情報を検索してまとめてくれる

前節で説明したように、Googleなどのキーワード検索には限界があり、これからは生成AIを使った検索が効率的です。そこで、まず使ってみたいのがChatGPTの技術を使った「ChatGPT search」です。

■ Googleアカウントがあれば無料で利用できる

ChatGPT searchを使うと、昨日発表された新しいニュースをまとめることもできる。通常のChatGPTでは、せいぜい数カ月前までの情報しか回答に含めることはできない

ChatGPT searchは、入力されたプロンプトを検索エンジンで検索した結果から最新の情報を得て、回答を作成します。これにより、最新のニュース、株価や為替、スポーツの結果なども正しく答えてもらうことができます。この機能は以前、有料版の契約者のみに開放されていましたが、現在は無料版のユーザーも利用可能です。

Column　ログインしないと使えない

ChatGPT searchはログインしなくても利用可能ですが、性能を十分に発揮することはできず、解答のクオリティは著しく下がります。利用前にChatGPTにログインしておきましょう。

●ブラウザーのアドレスバーから利用する

　ChatGPT searchを利用するには、アドレスバーにキーワードを入力する方法か、ChatGPTのページで通常どおりプロンプトを入力する方法のいずれかを選択します。検索代わりに使いたいなら、前者の方法を採用すると便利でしょう。

　アドレスバーからChatGPT searchを利用するには、専用の拡張機能をインストールします。なお、アドレスバーに入力したキーワードを使って検索することはできなくなります。

1 拡張機能をインストールする

Chromeウェブストアで拡張機能「ChatGPT search」を検索してインストール。似たような名称の拡張機能が存在するので、作者が「chatgpt.com」であることをインストール前に必ず確認する

2 アドレスバーにキーワードを入力する

検索エンジンと同様に、アドレスバーにキーワードを入力して[Enter]キーを押す。検索エンジンとは異なり、検索したいキーワードが思いつかなくても、関連した言葉を入力すればよい

3 結果が表示された

最新情報を検索した結果が、このようにまとめて表示される。複数のサイトから情報を入手しており、それぞれのサイトを表示して内容を確認する必要がないのが便利だ

●ChatGPTのページから利用する

　長いプロンプトを入力したい場合は、アドレスバーに入力するのではなく、ChatGPTのページにアクセスしたほうが簡単です。なお、事前に必ずログインしておきましょう。

■「検索する」をオンにしてプロンプトを入力する

プロンプト入力欄の下にある地球儀のアイコンをクリックしてオンにしてから、通常どおりプロンプトを入力する。結果は、アドレスバーに入力したときとほぼ同じだ

Column　アドレスバーの動作を元に戻すには

　アドレスバーにキーワードを入力してGoogleで検索していた場合、前ページで紹介したChatGPTの拡張機能をインストールすると、検索できずに困ってしまうかもしれません。元の動作に戻すには、拡張機能をアンインストールするか、一時的に無効にします。

Chromeのウィンドウ右上にある「：」をクリックして、「設定」→「検索エンジン」をクリックし、「ChatGPT」の「無効にする」をクリックすると一時的に無効にできる

情報のソースを確認するには

　聞きたいことによっては、Googleの「Gemini」やMicrosoftの「Copilot」を使っても似たような回答は得られますが、GeminiやCopilotでは生成AIが参照したソースのページがどこなのかがわかりません。AIは不正確な情報を返してくることがあるので、正確なことを知りたいときは、ソースを見て、内容を確認しなければならないのに、それでは困ります。

　ChatGPT searchの回答では、末尾に「情報源」というボタンが表示されます。ここから回答の作成時に参照したページのリストを表示できます。回答内容を確認したいなら、それらのページを辿ってみるといいでしょう。

■ 情報のソースを表示する

回答の末尾にある「情報源」というボタンをクリックすると、右側に「引用」というスペースが表示され、そこに関連するページのリンクがリスト表示される。クリックすると、そのページの内容を確認できる

COLUMN ChatGPT searchより検索エンジンを選ぶべきケース

　ChatGPT searchを使いこなせば、検索の効率は飛躍的に向上します。日々のニュースなど最新情報を手短にまとめて知ることができます。しかし、特定のテーマに対するマイナーな意見まで掘り起こして知りたいときには、Googleなど検索エンジンのほうが適しています。また、特定の組織などが所有するサイトそのものを探したい場合、ChatGPT searchでは誤ったリンクが表示されることがあります。そのため、残念ながら、現時点では検索エンジンをまったく使わないですませるのは非現実的です。ChatGPT searchで情報を得たうえで、必要に応じて検索エンジンで確認しましょう。

CHAPTER 3 Perplexity

09 難しいテーマでも広範囲に調査 リサーチに必須「Perplexity」

▶ 現在最も注目すべきは「AI検索エンジン」

　GeminiやMicrosoftのCopilotなどの文章生成AIは、最近では初心者にとっての使いやすさや読みやすさを追求しています。質問を入力すると、簡潔な回答を作成し、回答のもととなった情報へのリンクはあまり表示されません。

　辞書や百科事典のようにAIを使いたいのなら、それでも問題ありませんが、特定のテーマについて広く情報を知りたいときには不満が残るでしょう。

　また、数時間前に報道されたばかりのニュースについて知りたいときには、GeminiやClaude、Copilotでは役に立ちません。かなり細かく状況を説明する文章をプロンプトに含めると、なんとか解説を得られることもありますが、不安定です。

　そこで注目したいのがAI検索エンジンです。これは、検索エンジンとAIが融合したサービスで、検索の新しい形を実現しています。検索エンジンにヒットしさえすれば、その情報を回答に含めることができます。その先駆けとなったのが「Perplexity（パープレキシティ）」です。

●AI検索エンジンといえば「Perplexity」

　「Perplexity」は、2022年に元GoogleのAI研究者らによって開発されたAI検索エンジンです。Perplexityの特徴は、従来の検索エンジンと文章生成AIの長所を融合させた点にあります。リアルタイムの情報収集能力と自然言語処理技術を組み合わせることで、ユーザーの質問に対して最新かつ信頼性の高い回答ができるようになりました。

　Perplexityが情報をまとめるのに優れている理由は、出典元を明確に示す透明性の高さにあります。生成AIの中には参照した情報を明らかにしないものもあるのに対し、Perplexityは出典元をリンク付きですべて表示するので、情報の信頼性を自分で確認できます。

　また、Perplexityはアカウントを作成しなくても誰でも利用できる手軽さが魅力です。ただし、検索履歴などは利用できないため、より活用するならアカウントを作成しておくのがおすすめです。無料プランの場合でも、Web検索は無限に利用可能なので十分に活用できます。なお、有料プランの「Perplexity Pro」も用意されており、こちらを選択すると活用の幅が大きく広がります。

　有料プランでは、高度な検索が可能な「プロサーチ」の検索回数が大幅に増え、最先端のAIモデル（GPT-4o、Claude 3.5 Haiku、Mistral Large、Grok-2など）を選択できるようになります。また、複雑な質問に対しても詳細な回答が期待できます。有料プランは月額20ドル、または年額200ドルです。長く使う場合は年額プランで契約したほうがお得です。

▶「Perplexity」が的確に情報をまとめられる理由

　Perplexityが的確に情報をまとめられるのは、その検索方法にあります。入力されたプロンプトを任意のキーワードに分解し、それぞれのキーワードを独立して順番に検索を行います。この際、Perplexityの検索アルゴリズムは、最初に得た情報をさらに精査し、次のステップで補完的な情報を探すことで、効率よく情報を検索していきます。

　このように直列で検索することがPerplexityの特徴で、各ステップで得た結果が相互に補完し合い、情報が深化していくため、非常に精度の高い結果が得られるのです。

　さらに、Perplexityはこうして得られた結果を総合的に要約し、一貫した回答を作成します。つまり、単にキーワードに基づいて検索結果を並べるのではなく、相互の関連性を考慮して情報を整理してから回答するので、質問が複雑な内容であっても、ユーザーが知りたい情報を提供できるのです。

　ちなみに、複数のキーワードセットで同時に検索を行う並列型の動作を採用しているのが、次節で紹介する「Genspark」です。

■ 直列で検索して情報を深化させる

Perplexityが検索中、直列に並んで順次実行されているのを見てもわかるとおり、プロンプトを分解し、順番に検索していく。これにより、情報がより深く掘り下げられ、精度の高い回答が得られるしくみになっている

Perplexityの検索機能で情報を検索する

　Perplexityにアクセスすると、ホーム画面が表示されます。この画面の中央に表示されるボックスに質問する内容を入力し、プロサーチを利用するかどうかを選択します。プロサーチとは、より高度な検索を実行できるモードで、複雑な質問の要素を分解し、段階的に回答して最適な結果を出力するなど精度の高い回答を得るためのものです。

　なお、プロサーチを使う場合は、「Pro」のスイッチをオンにします。プロサーチは、無料プランだと1日5回までしか利用できません。一方、有料プラン（Pro）は1日600回まで利用可能です。なお、プロサーチを使わない場合は、基本機能の「クイックサーチ」で検索が実行されます。これらの情報をすべて入力したら、「→」をクリックして検索を実行します。

■ 質問を入力して検索を実行する

Perplexity（https://www.perplexity.ai/）にアクセスし、中央のボックスに質問を入力。プロサーチを使うときは「Pro」をオンにして、「→」をクリックする

Column　ほかのモードで検索する

　ちなみに、Web検索以外のモードで検索したい場合は、「フォーカス」をクリックして、次のいずれかのモードに切り替えられます。この場合は、検索する前にモードを変更してから検索を実行してください。

- ウェブ：インターネット全体から情報を収集して回答する
- 学術：公開されている学術論文を検索して回答する
- 数学：方程式や統計、グラフ描画など、数学的な計算や構造化されたデータを使用した質問に対して回答する
- 作成：Web検索を行わず、選択したAIモデルを使用して回答する
- ビデオ：YouTubeなどの動画コンテンツを中心に検索して回答する
- ソーシャル：XやFacebookなどの投稿から情報を検索して回答する
- 推論（ベータ版）：複雑な推論を要する問題に対して回答する。OpenAIの「o1-mini」モデルを採用し、Proユーザーが1日10回まで利用できる

●生成された回答を確認する

　回答が生成されると、スレッド画面が表示されます。この画面の下部に回答が表示されます。参照元がある部分については数字が振られており、クリックすると参照元のページが新しいタブに表示されます。これにより、元情報をすぐに確認できます。

　画面の右側では、回答を補足する画像や動画を確認できます。「動画を検索」をクリックすると、関連する動画を検索することも可能です。

■ 回答を確認する

画面の下部に回答が表示される。回答の中にある数字のリンクをクリックすると、その回答の参照元ページが表示される

　回答の下には、関連する質問が提案されます。情報を深掘りしたいときに使うと便利です。関連質問に聞きたいものがない場合は、「フォローアップを尋ねる」に追加質問を入力することも可能です。なお、Proユーザー限定ですが、回答の下にある「書き直す」をクリックすると、別のAIモデルを使って回答を再生成できます。回答内容が適切でないと思った場合は、再生成すると効率よく新しい回答が得られます。

■ 情報を深掘りする

回答の下に表示される関連質問をクリックしたり、追加質問を入力したりして情報を深掘りしていくことができる。Proユーザーの場合、「書き直す」をクリックすると、別のAIモデルで回答を再生成することが可能だ

●ソースを確認する

スレッド画面の上部には、「プロサーチ」と「ソース」が表示されます。「プロサーチ」はプロサーチで検索した場合に表示され、どのような順番でどのような内容を検索したかを確認できます。「ソース」では、回答を生成するのに利用した参照元のリンクが表示されます。ファクトチェックに使うと便利です。

■ ソースなどを確認する

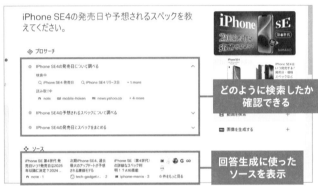

プロサーチしたときは、どのような内容をどのような順番で検索したか確認できる。「ソース」には参照元の内容が表示される。クリックすると、参照元のページが表示される

ただし「ソース」には、参照元が最大3つまでしか表示されません。すべての参照元を確認する場合は、「ソース」の右側にある「もっと見る」をクリックします。すると、画面の右側にすべての参照元が一覧で表示され、参照した情報を確認できます。この際、古いデータや関係のない情報が参照されていた場合は、ソースを削除できます。削除した場合は、その情報を除いて回答を再生成します。

■ すべてのソースを確認する

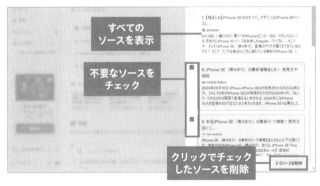

ソースの右側にある「もっと見る」をクリックすると、参照したすべてのソースが表示される。不要なソースがある場合は、チェックを付けて「ソースを削除」をクリックする。これで不要なソースを除いて回答を再生成できる

CHAPTER **Genspark**

3 10 最有力なAI検索エンジン 「Genspark」で記事を自動生成

無料で使えて高性能なAI検索エンジン

　AI検索エンジンはPerplexityが最有力な状態が続いていましたが、類似のサービスも徐々に増えてきました。その中でも注目を集めているのが「Genspark（ジェンスパーク）」です。

　Gensparkは、MainFunc社から2024年に登場したAI検索エンジンで、ユーザーが必要な情報を迅速かつ効率的に取得できるようにすることを目的として開発されました。従来の検索エンジンが抱える広告や過剰なSEO対策、情報過多といった問題に対処できるよう設計されています。

●情報のまとめページを作る「Sparkpage」

　ユーザーが入力した内容に基づいて複数の情報源から情報を取得し、それを「Sparkpage」というページで1つのまとまった形に要約できます。AIで調べた情報をページにまとめて第三者に読んでもらいたいとき、自分で書き直すのではなく、Gensparkにまとめ直す作業をやらせると非常に短時間で、高品質な文書が出来上がります。

　このSparkpageには「AIコパイロット」という機能が搭載されており、ユーザーがページ内の内容について質問すると、関連情報を即座に回答します。これにより、別途、検索をしなくても必要な情報を迅速に取得できるという特徴があります。

●並列型検索で効率的な「AI Parallel Search」

　前節で扱ったPerplexityは「検索した結果をもとに、さらに検索を行う」という直列型の検索作業を行って回答を作成します。これに対し、Gensparkは同時に複数の検索を実行して結果をまとめる並列型を採用しています。検索するジャンルによっては、PerplexityよりもGensparkのほうが正確な回答が得られることもあるようです。

　なお、2024年12月上旬現在、Gensparkは完全に無料で利用でき、さらに広告なども表示されません。しかし、現在はベータ版であり、将来的には有料になる可能性があります。

●AI検索エンジンの利用で注意すべきこと

　GensparkにせよPerplexityにせよ、かなり高品質な回答が簡単に作成できてしまいますが、「ここに書かれていることが正解だ」と思い込まないように注意すべきです。なぜなら、いずれも検索でヒットしたサイトの内容をまとめているだけで、もしサイトの内容が間違っていたら、あるいは

CHAPTER 3　Webの情報を生成AIでまとめるには

検索で低品質なサイトしか拾ってこれなかったら、結果も当然誤ったものになってしまいます。GeminiやChatGPTなどと同様に、情報の正確性については十分気をつけるようにしましょう。

GensparkとPerplexityの違い

　GensparkとPerplexityは、どちらも優れたAI検索エンジンです。一見似たような特徴と機能を持っていますが、情報の処理方法などは大きく異なります。そのため、目的に応じて使うツールを選ぶと効率よく情報を収集できるでしょう。

●それぞれの検索方法と結果のまとめ方

　Perplexityは、高性能のAIモデルを使って情報を収集し、テーマごとにひとつひとつ検索していくため、情報を深掘りしていくことができるのが特徴です。これにより、ユーザーの質問に対して信頼性の高い最新情報を提供することに優れています。特に難しいテーマの調査に適していて、詳細かつ専門的な情報を提供できるといわれています。

　一方、Gensparkは、AI Parallel Search機能によってさまざまな視点から同時並行的に情報を収集し、複数のAIモデルを組み合わせて検索を行います。そのため、特定のキーワードに基づく単純な検索結果だけでなく、ユーザーの意図を深く理解した精密な情報提供が可能です。

検索機能で情報を検索する

　Gensparkの検索機能を使うには、Gensparkの中央に表示されている検索ボックスに質問（プロンプト）を入力し、検索を実行します。これだけで、複数の情報源から収集した情報をまとめ、回答を生成して表示します。

■ 質問を入力して検索する

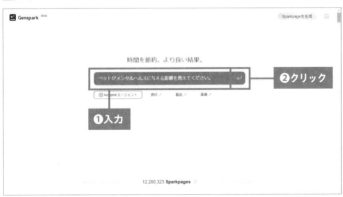

Genspark（https://www.genspark.ai/）にアクセスし、画面中央にあるボックスに質問を入力して送信アイコンをクリックする

回答をまとめ終わると、画面上部に関連するキーワードの一覧、次に生成された回答が表示されます。関連するキーワードをクリックすると、そのキーワードでさらに検索を行います。回答の中には数字が振られており、数字をクリックすると参照元のページが表示されます。これにより、すぐに元情報を見ながら回答を確認できます。

■ 回答を確認する

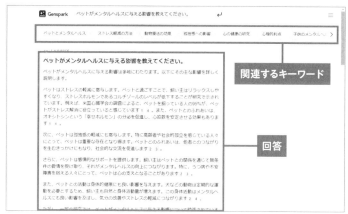

画面上部に関連するキーワード、その下に生成された回答が表示される。キーワードをクリックするとさらに検索が可能。回答の中にある数字をクリックすると、参照元のページを確認できる

回答の下には「○の視点から生成されたスパーク」として別視点での提案が提示されます。これは、並列検索した際のそれぞれの検索結果で、まとめられた回答に採用されていない内容も含まれています。そのため、違う視点で情報を確認したいときにチェックすると参考になります。

■ 別視点の回答を確認する

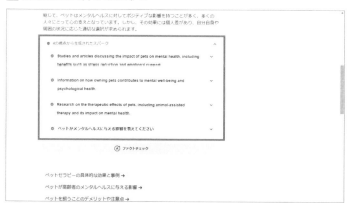

「○の視点から生成されたスパーク」をクリックすると、展開されて項目が表示される。さらに項目をクリックすると、その検索で得られた結果が表示される

さらに情報を深掘りしたいときは、下に表示されている関連する質問を使うと便利です。ここには、次に質問する候補が表示されており、選択した項目でさらに検索を行えます。関連質問に聞きたいものがない場合は、「他に質問がありますか？」のボックスに追加の質問を入力します。

■ 情報を深掘りする

回答の下に表示される関連質問をクリックしたり、追加質問を入力したりして情報を深掘りしていくことができる

事実確認を行う

　生成AIはハルシネーションへの対策が必須です。Gensparkは「AI Parallel Search」という技術を使用した強力なファクトチェック機能を搭載しており、生成した回答の中から疑義のある部分をピックアップします。これにより、ユーザーは項目を選択するだけでファクトチェックができます。

　ファクトチェックを実行すると、回答を複数の要素に分解して検証し、記載に誤りがないかをチェックします。そして、詳細なチェック結果を返します。このように非常に優れたファクトチェック機能があるため、ハルシネーションを強力に防ぐことができます。なお、かなり詳細にチェックするため、ファクトチェックには数分かかることがありますが、その間に別の作業を行うことは可能です。ただし、ファクトチェックといっても、ネットを使った事実確認でしかありません。専門家でないとわからないような情報については、チェック不可能なことに注意しましょう。

1 ファクトチェックを開く

「○の視点から生成されたスパーク」の下にある「ファクトチェック」をクリックする

2 ファクトチェックを開始する

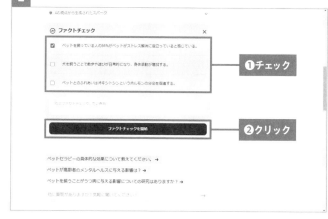

回答に疑義がある項目が表示されるので、ファクトチェックするものにチェックを付ける。項目に表示されていないものは、入力してチェックすることが可能だ。「ファクトチェックを開始」をクリックするとチェックが始まる

3 ダイアログを閉じる

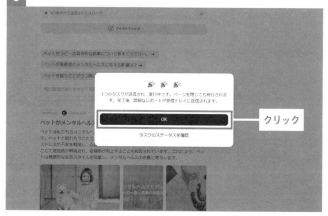

ファクトチェックを開始するとダイアログが表示されるので、「OK」をクリックして閉じる。なお、ファクトチェックには数分を要する。その間に別の調べものをすることは可能だ

4 タスクを開く

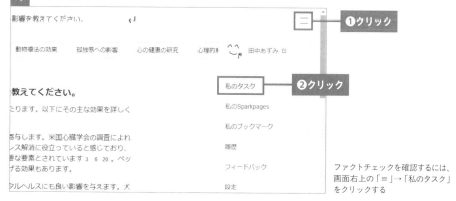

ファクトチェックを確認するには、画面右上の「≡」→「私のタスク」をクリックする

5 ファクトチェックの結果を確認する

Autopilot Agent画面が表示されるので、左側の一覧からファクトチェックのタスクをクリックする。右側にファクトチェックの結果が表示される。

「Sparkpage」で情報を見やすく整理する

Gensparkで調べていて情報が見づらくなってきた場合、「Sparkpage」でまとめページを作成すると、情報が整理されて見やすくなります。これはPerplexityの「Pages」に似た機能で、検索してきた情報を整理して記事形式にまとめ直してくれるものです。

Sparkpageの特徴は、まるでWebページのように整ったデザインですぐにまとめページが作れる点です。また、PerplexityのPagesではテキストの編集ができませんが、Sparkpageはコピーを作成して自分で編集が可能です。さらにそれを公開することもできます。

1 まとめページを作成する

回答の下に「Sparkpage」と表示されているセクションがある。そこにある情報の中から、まとめページを作りたい情報のリンクをクリックする

2 まとめページを確認する

回答をもとにしてまとめページが作成される。なお、ここで表示されているページは閲覧のみとなる。ページの内容を編集したい場合は、「コピーを作成」をクリックする。このページのコピーが作成され、編集が可能になる

まとめページに質問する

　Sparkpageには「AIコパイロット」が組み込まれており、ユーザーはチャット形式で質問できます。ページ内に答えが見つからない場合に使うと便利です。この機能により、別のページへ移動することなく即座に質問できるので、効率よく情報が得られるようになります。

1 質問を送信する

Sparkpageで作成したまとめページの右側にAIコパイロットが表示される。ここに、知りたいことを入力して送信する

2 回答が表示される

質問に対する回答が表示される。このように、別のページへ移動しなくてもすぐに回答が得られる

Column　編集中のSparkpageを開くには

　Sparkpageでまとめページをコピーした場合、「私のSparkpages」という場所に保存されていきます。このページでタイトルをクリックすると、そのページを編集できます。見つけにくい場所にあるので、覚えておいたほうがいいでしょう。

画面右上の「≡」→「私のSparkpages」をクリックする。コピーを作成したページが一覧で表示される。タイトルをクリックすると、そのページを編集できる

Column

PerplexityやGensparkを猛追中！Feloにも注目しよう

Felo

　Sparticle株式会社が開発した国産のAI検索エンジンとして注目を集めているのが「Felo（フェロー）」です。先行して公開されたPerplexityやGensparkを参考に開発されているようで、それらよりも高品質な回答を作成することを目指していると思われます。

　注目点は回答作成時に参照するソースが多いことで、20〜30個ものサイトを見ていると思われます。また、検索内容によっては、英語以外のサイトも積極的に拾っているようです。ただ、Gensparkもプロンプトによっては外国語のソースを参照するので、特に大きな特徴とはいえません。

　Feloの機能面での特徴を挙げるなら、プレゼンテーション資料の自動生成、マインドマップの作成、画像編集サービス「Canva」との連携などがあります。特に、プレゼンテーション資料の自動生成では、作成した回答をPowerPoint形式やPDFとして自動生成し、ダウンロードが可能です。また、基本機能はすべて無料で利用でき、有料プランへ加入すれば、より高度な検索やAIモデルの選択など追加機能が利用できます。

Felo
https://felo.ai/

Feloは日本語に強みを持つ国産のAI検索エンジンで、基本機能は無料で利用できる。複雑な質問に対応できる「Pro Search」も1日5回まで無料で利用可能だ

作成した回答はプレゼン資料への変換が可能。PowerPoint形式やPDFとして保存することもできる

CHAPTER

4

YouTube動画を情報源としてフル活用する

世界中の専門家は今、最新の研究成果や業界動向をYouTubeで発信し始めています。先進的な企業やビジネスパーソンは、AIツールを駆使して膨大な動画コンテンツを瞬時にテキストにし、分析しています。1時間の動画を見る暇はない──そんな言い訳はもう通用しません。本章で紹介するGlaspやNotebookLMなどを使えば、60分の動画も3分で理解できます。今日からYouTubeを最高の情報源にしてみませんか?

情報源としてのYouTube動画の優れている点と活用上の問題点

YouTubeが情報源となる理由

　近年、情報源としてのYouTubeの価値が上がってきています。これにはいくつか理由がありますが、まず世界中の情報が24時間365日、常に集まってきていることが挙げられます。たとえば、重要なニュースが発生した際、専門家やジャーナリストだけでなく、一般人でもすぐに解説動画を配信できます。ライブ配信機能を使えば、まさにリアルタイムでの解説も可能となります。

　また、従来のマスコミによる報道では、編集方針や放送時間の制約により、限られた視点からの解説にとどまることが少なくありません。一方、YouTubeではマスコミに登場しない専門家が、自身の専門性を活かした解説を展開していることがあります。そういった動画を視聴することで、同じニュースでも複数の角度から理解を深めることが容易になりました。

　さらに、YouTubeでは世界中の情報が1つのプラットフォームに集約されます。YouTubeを見ているだけで、アフリカの砂漠やアマゾンのジャングル、南極の情報まで入手できます。

　従来のマスメディアでは取り上げられにくい特定の業界動向や地域特有の課題などについても、詳細な解説を見つけることができるのは、無視できないメリットです。これは専門的な情報を求める視聴者にとって、大きな価値となっています。

　また、ネットにつながっていれば、誰でも動画を投稿できるため、大手マスコミだけでなく、個人のYouTuberでも情報発信者になれます。投稿する場所も選びません。砂漠やジャングル、海の上からでも投稿可能なので、とにかくさまざまな内容の情報を視聴者は得ることができます。

▶▶ 目で見るより耳で聞くのが得意な人にも便利

　情報を効率的に吸収する方法は、人によって異なります。文章を読んで理解を深めるほうが効果的な人と、音声や動画から学ぶほうが効果的な人がいるのです。

　文字情報から効率的に学べる人々は、自分のペースで情報を処理でき、必要な箇所を素早く見返すことができます。そういった「目から情報を入れるタイプ」の人は書籍やブログを活用するといいでしょう。一方で、音声や動画から効率的に学べる人々は、話し手の抑揚やトーンから意図を理解しやすく、音声情報を通じて情報を深く記憶する傾向があります。このような「耳から情報を入れるタイプ」の人々には、YouTubeやPodcastが効果的な学習手段となります。

　YouTube登場以前は、情報を効率的に得るためには文字情報を手早く扱うスキルが必須でした。本を読めない人は情報弱者になってしまいがちだったのです。しかし、YouTubeが情報源として使えるようになってからは、耳から入ってきた情報を扱う能力の高い人が情報強者になる傾

向があります。

　このような背景もあり、YouTubeは今や単なる動画共有サイトではなく、重要な情報源としても大きな価値のある動画サイトだといえるのです。YouTubeで得られる情報は、注目されがちな生活一般、語学、IT関連だけでなく、医療、政治、サイエンス、美術、音楽など多岐にわたります。

▶▶▶ 情報を収集するのに時間がかかる

　YouTubeは最新の情報を得るのに最適なメディアですが、情報収集という点から見るといくつかの問題点があります。その中でも最大の問題点は、「情報を得るのに時間がかかる」という点です。

　動画の長さはまちまちであり、すべての動画がコンパクトにまとまっているとは限りません。中には1時間を超えるような長時間の動画もあり、そのような動画から情報を得る場合、多くの時間が必要となります。

■ 長時間の動画は少なくない

YouTubeでは長時間の動画は少なくない。たとえば、技術系の解説動画などは長時間になる傾向にあり、すべてを視聴するのは負担がかかる

　さらに問題なのが、動画から情報を得るには基本的に動画の再生時間と同じ時間がかかることです。つまり、1時間の動画で語られている情報を得るには1時間かかってしまいます。ゆっくり話している人の動画であれば、1.5倍速や2倍速で聞き取ることも可能でしょうが、それでも40分ないし30分かかりますし、早口の人なら等倍速より速く再生しては理解しづらくなってしまいます。

　これに対し、もし文字情報であれば、半分以下の時間で全体の内容を掴むことも難しくありません。では、どうすればいいかというと、動画の内容を文字情報にしてしまえばいいのです。

動画の情報を文字情報に変換するには

　YouTube動画の情報を効率的に取得するには、動画の内容を文字起こし・要約できるツールを使うのが効果的です。これにより、動画全体を視聴せずとも、重要な部分のみをピックアップして確認したり、内容をAIで要約したりすることが可能になります。一部のツールの使い方については後述しますが、ここでは代表的なツールについて紹介していきましょう。

▶▶▶ Glasp

　「Glasp（グラスプ）」は、1度クリックするだけで、動画の内容を文字起こししてくれるツールです。特に長時間の動画に対して有効で、ものの数秒で動画内で話している内容をすべて文字起こしします。文字起こしを読みながら動画を視聴すること可能なので、聞き取りづらい部分があっても動画の内容を把握でき、理解力の向上につながります。

Glaspは再生中の動画を文字起こしできる。文字起こしは一瞬なので、すぐに動画の内容をテキストで把握できる

▶▶▶ Gemini

　Googleが提供する生成AI「Gemini」では、YouTube動画のURLを入力して要約の指示を与えると、動画の内容を要約してくれます。また、要約のレベルを指示することも可能です。動画を見る時間がないので、要約だけを確認したいというときに使うと便利です。

Googleの生成AI「Gemini」はYouTubeと連携しているので、すぐに動画の要約が可能だ

▶▶▶ NotebookLM

「NotebookLM（ノートブックエルエム）」は、Googleが提供するAIツールです。ユーザーがアップロードしたドキュメントの内容をAIが整理や分類、管理します。YouTube動画にも対応しており、URLを入力するだけで、動画の内容の要約や文字起こしをしてくれます。

Googleが提供を始めたノートブック形式のAIサービス。動画のURLを入力すれば、動画の文字起こしと要約が行える

▶▶▶ Microsoft Edge

Microsoftが開発したブラウザー「Edge」は、同社の生成AI「Copilot」を搭載しています。Edgeに搭載されたCopilotは表示中のWebページの要約が可能で、YouTubeにも対応しています。

要約したいYouTube動画を開いてCopilotを呼び出すと、動画を要約するためのプロンプトが表示されます。これをクリックすれば、短時間のうちに要約が表示されます。Edgeブラウザーは Windowsには標準でインストールされています。手軽に要約したい人にピッタリのアプリです。

動画を開いてCopilotを呼び出すと、「概要を作成する」という項目が表示される。これをクリックすると、動画の要約が表示される

CHAPTER 4 Glasp

11 「Glasp」とブラウザーで YouTube動画を文字起こし

> あっという間に文字起こしが完了する

　Glaspが提供する「Glasp Web Highlighter: PDF & Web Highlight」は、ブラウザーに追加できる拡張機能で、動画の内容を自動的に文字起こしできます。YouTube動画を見ている間でも、簡単に文字起こしデータを取得できるため、動画を見ながら確認したり、テキストとして保存してあとから見返したりするのに非常に便利です。

　たとえば、動画を視聴しているときに重要な部分をメモしていると、メモに気を取られて肝心な動画の内容を見落としてしまうことがあります。しかし、Glaspを使うことで、すべてを文字起こしできているので、特に重要なメモ以外は不要になります。これにより、動画の見落としも防げますし、あとから確認したいときは文字起こしをチェックすれば済みます。このように、あとから重要なポイントを効率的に確認できるのがGlaspを使うメリットです。

　Glaspを利用できるのはChromiumベースのブラウザー（Chrome、Edge、Brave、Vivaldiなど）とSafariです。ここではChromeで説明していきますが、他のブラウザーでも使い方はほとんど同じです。

1 拡張機能をインストールする

Glasp Web Highlighter: PDF & Web Highlight
開発者：glasp.co
URL：https://chromewebstore.google.com/detail/glasp-web-highlighter-pdf/blillmbchncajnhkjfdnincfndboieik

「Glasp Web Highlighter: PDF & Web Highlight」の配布ページにアクセスし、「Chromeに追加」をクリック。画面の指示にしたがってインストールする

2 必要に応じてサインアップする

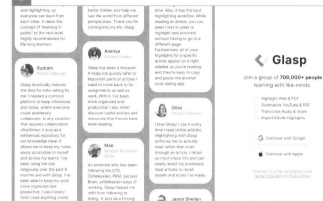

拡張機能をインストールすると、GlaspのWebサイトが表示されるので、必要に応じてサインアップする。なお、サインアップしなくても文字起こしは使えるので、不要な人はページを閉じてしまっても問題ない

3 設定画面を表示する

YouTubeで任意の動画を再生する。画面の右上に表示されている「Transcript & Summary」の歯車アイコンをクリックする

4 設定を変更する

Glaspの設定画面が表示されるので、「Language」で「日本語」を選択する。これでGlaspの準備は完了だ

YouTubeの動画を文字起こしする

　Glaspを使う準備が終わったら、早速文字起こしをしてみましょう。文字起こしをしたいYouTube動画を開き、画面の右上にある「Transcript & Summary」をクリックすると、ほんの数秒で動画の内容が文字起こしされます。ただし、文字起こしの結果が誤っていることがある点は留意が必要です。なお、文字起こしをしたあとは、テキストのコピー、指定した再生箇所へのジャンプといった操作ができます。

1 文字起こしする動画を表示する

文字起こしするYouTube動画を開いたら、画面右上の「Transcript & Summary」をクリックする

2 文字起こしが表示される

動画の文字起こしが表示される。表示されているテキストは、選択してコピーすることが可能だ

3 現在再生している箇所の文字起こしを表示する

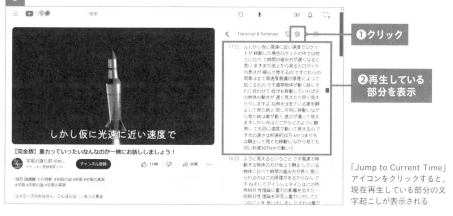

「Jump to Current Time」アイコンをクリックすると、現在再生している部分の文字起こしが表示される

4 タイムスタンプの部分を再生する

文字起こしの左側にはタイムスタンプが表示されている。ここをクリックすると、タイムスタンプの時間の部分にジャンプする

5 文字起こしをすべてコピーする

「Copy Transcript」アイコンをクリックすると、文字起こしされたテキストをすべてコピーできる

文字起こしを生成AIに要約させる

　Glaspは、生成AIサービス（ChatGPTやClaudeなど）に文字起こししたテキストを送信し、指定のプロンプトを実行できます。たとえば、プロンプトに「要約してください」と指定しておくと、プロンプトとともに文字起こしデータが送信されるので、一発で動画の内容を要約できるようになります。

　このように、自分でコピペして生成AIに問い合わせる手間が省けるので、非常に効率的です。なお、この機能を使う場合は、同じブラウザーで使用する生成AIサービスにログインしておく必要があります。

1 設定画面を表示する

文字起こしを閉じた状態で歯車アイコンをクリック

2 使用する生成AIを選択する

設定画面が表示されるので、「AI Model」で使用する生成AIモデルを選択する

3 プロンプトを入力する

「Prompt for Summary」に要約させるためのプロンプトを入力する。ここでは、次のプロンプトを指定した

> この動画を次の条件で要約してください。
> ・文字数500字以内
> ・ですます調
> ・重要な内容に絞ってまとめる
> ・適度に改行を入れる

4 文字起こしを生成AIに送信する

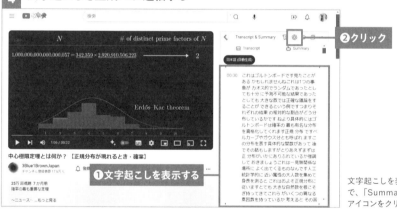

文字起こしを表示した状態で、「Summarize Video」アイコンをクリックする

5 要約が表示される

新しいタブが開き、選択した生成AIサービスに文字起こしが送られる。設定したプロンプトが実行され、要約が表示される

CHAPTER 4 Gemini

12 「Gemini」なら動画を正確に文章化できる

「Gemini」はYouTubeと連携して要約や検索ができる

　Googleの生成AI「Gemini」は、YouTubeと連携しているのも強みの1つです。そのため、ほかの生成AIよりも迅速に動画の要約が可能です。また、動画検索にも対応しており、話し言葉で動画を検索できます。これにより、目的の動画が見つけやすく非常に便利です。

　GeminiでYouTubeの要約や検索を行う場合は、Geminiの拡張機能を有効にしておく必要があります。デフォルトで有効になっていますが、もしうまく動作しないときは設定を確認しておきましょう。なお、YouTubeの拡張機能は、個人アカウントのGeminiで利用できます。Google Workspaceのアカウントでは利用できないので注意しましょう。

1 拡張機能の設定画面を表示する

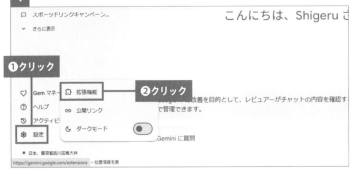

Googleアカウントでログインした状態で、Gemini（https://gemini.google.com/）を開き、「設定」→「拡張機能」の順にクリックする

2 拡張機能を有効にする

拡張機能の設定画面が表示されるので、「YouTube」をオンにする

YouTubeの動画を要約する

GeminiでYouTubeの動画を要約する場合は、あらかじめYouTube動画のURLをコピーしておきます。URLをコピーできたら、プロンプトに「要約してください」などと指示を入力し、URLを貼り付けます。あとはこのプロンプトを送信すると、指示に沿った形で要約します。

なお、Geminiはキャプションやトランスクリプトなど、YouTubeが自動的に生成するテキストを使用して要約します。そのため、動画にキャプションやトランスクリプトがない場合は要約できないので注意しましょう。

1 動画のURLとプロンプトを入力する

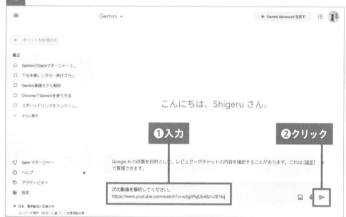

動画のURLと要約などを指示するプロンプトを入力して送信する。ここでは、「次の動画を要約してください」という指示のあとにURLを入力して送信している

2 動画の要約が表示される

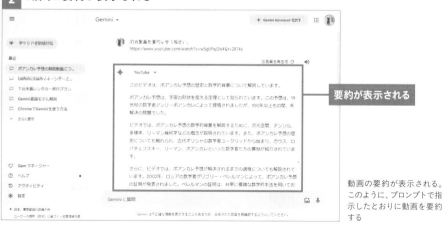

動画の要約が表示される。このように、プロンプトで指示したとおりに動画を要約する

要約を細かく指示する

　前述のように要約を指示した場合、Geminiは長めの動画でもざっくりとした感じで要約します。そのため、要約の内容が物足りなく感じることも少なくありません。このような場合は、「もっと詳しく」と追加で指示をすると、より詳しい要約を生成してくれます。

1 「もっと詳しく」と指示する

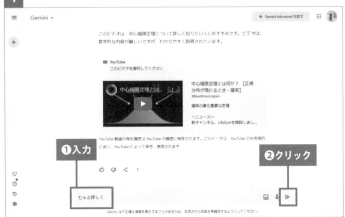

要約の内容が物足りない場合は、「もっと詳しく」と入力して送信する

2 動画の詳しい要約が表示される

先ほどよりも詳しい要約が表示される。なお、「もっと詳しく」以外の指示だと詳しい要約がされないことがあるので注意しよう

逆に、簡潔に要約させたい場合は、箇条書きなどで要約するように指示するとわかりやすくなります。ただし、一度要約をしたものを箇条書きのように簡潔には修正できません。そのため、箇条書きのような要約をする場合は、最初の段階で「箇条書きで要約してください」といった形で指示します。

■ 箇条書きで要約する

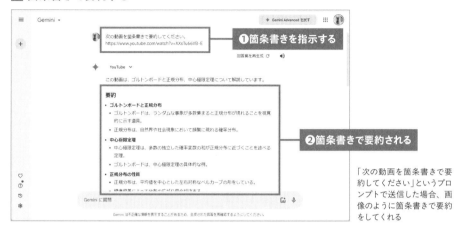

「次の動画を箇条書きで要約してください」というプロンプトで送信した場合、画像のように箇条書きで要約をしてくれる

Column　要約が必ず正しいとは限らない

Geminiで要約した内容は必ずしも正しいとは限りません。たとえば、素数に関する動画を要約したところ、下の画像のように素数を並べるだけの要約が表示されました。このように明らかにおかしな要約をすることもあ

りますし、微妙に間違いを犯している要約も見受けられます。そのため、要約された内容は鵜呑みにせず、怪しいと感じたら他のツールで要約したものを確認するか、動画を実際に見て確認したほうがいいでしょう。

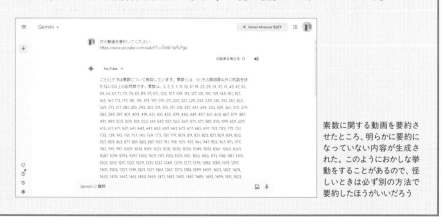

素数に関する動画を要約させたところ、明らかに要約になっていない内容が生成された。このようにおかしな挙動をすることがあるので、怪しいときは必ず別の方法で要約したほうがいいだろう

GeminiでYouTube動画を検索する

　YouTubeで動画を検索する場合、Google検索のようにキーワードで探さなければなりません。そのため、見たい動画がなかなか見つからないということがあります。そのような場面でもGeminiが役立ちます。GeminiはYouTubeと連携しているため、YouTube内の動画を検索できます。Geminiの場合、探しているものを話し言葉で検索できるので、YouTubeで検索するよりも目的の動画に辿り着ける可能性が高くなります。

1 Geminiで動画を検索する

プロンプトに「○○の動画を探してください」といったように、探している動画を入力して送信する

2 動画のリンクが表示される

YouTube内の動画が検索され、該当する動画がいくつかピックアップされて表示される。リンクをクリックすると新しいタブが開いて動画が再生される

3 Gemini上で動画の確認も可能

回答を下にスクロールすると、インラインで動画が表示されている。ここの再生ボタンをクリックすると、Gemini上で動画が再生される。どんな感じの動画かを確認したいときに使うと便利だ

　動画の検索結果に目的のものが見つからない場合、追加で質問して探すこともできます。この場合、どのようなものを探しているかを明確に指定しておくと、目的の動画が見つけやすくなります。

■ 追加で質問して動画を探す

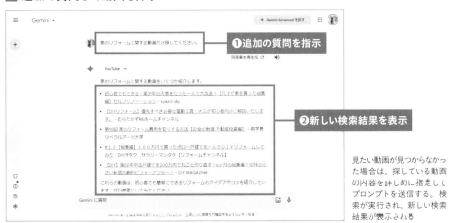

❶追加の質問を指示

❷新しい検索結果を表示

見たい動画が見つからなかった場合は、探している動画の内容を詳しめに指定してプロンプトを送信する。検索が実行され、新しい検索結果が表示される

> **Column　動画が見つからない場合は**
>
> 　動画を検索する内容が細かすぎたり、あまりにニッチな内容だったりする場合、「正常に完了しませんでした」のように表示されて検索できないことがあります。この場合は、検索する内容を変更してから再度試してみてください。

CHAPTER 4 - 13 NotebookLM

YouTube動画もPDFも扱える！「NotebookLM」で内容を把握

要約や文字起こしに対応したノート型AIツール

　NotebookLMとは、2023年夏にGoogleが提供を開始した新しいAIを活用した情報整理ツールです。同社の大規模言語モデルである「Gemini 1.5 Pro」を搭載し、スピーディかつ的確に回答するのが特徴です。

　たとえば、PDFファイルをアップロードした場合、そのファイルの内容をAIが解析して要約を行います。PDF以外にも、Googleドキュメント、テキストファイル、WebページのURLなど、多様な形式に対応しており、あらゆるソースを一元管理できます。

　特に注目なのが、YouTube動画もソースとして追加できる点です。YouTubeのURLをNotebookLMに入力すると、その動画の内容を自動的に書き起こし、重要なポイントを要約します。これにより、長時間の動画を視聴することなく、重要な情報を迅速に把握できます。また、50万語以下であれば、動画の長さに制限なく文字起こしが可能です。

　NotebookLMを利用するのに必要なのはGoogleアカウントだけで、料金はかかりません。NotebookLMのサイトにアクセスし、Googleアカウントでログインすれば、すぐに利用できます。ただし、現在は実験段階だとアナウンスされており、将来は有料化される可能性があります。

NotebookLMを使うと、30分を超えるような長い動画についても、内容に関する質問をすることができる。ただし、動画の内容がテキストに変換できない動画は読み込めない。どの動画が読み込めるかは、やってみないとわからない

ノートを作成してURLをアップロードする

NotebookLMでYouTube動画の要約や文字起こしをするには、はじめにノートを作成します。ノートを作成すると、情報をアップロードできるようになるので、そこでYouTube動画のURLを指定します。これにより、動画の内容が読み込まれ、概要などが表示されます。

1 ノートを作成する

Googleアカウントにログインした状態で、NotebookLM（https://notebooklm.google.com/）にアクセスする。ノートの作成画面が表示されるので、「作成」をクリックする

2 ソースを追加する

「ソースを追加」ダイアログが表示されるので、「YouTube」をクリックする

3 動画のURLを入力する

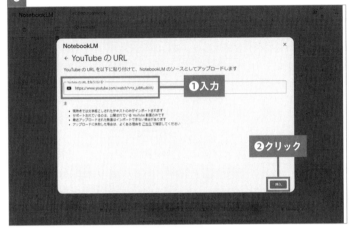

YouTube動画のURLを入力し、「挿入」をクリックする

4 動画の概要が表示される

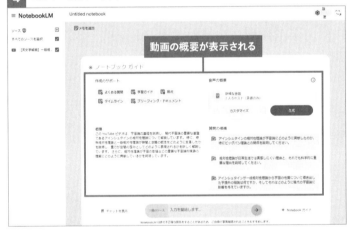

ノートが作成され、動画がソースとして追加される。追加と同時に動画が読み込まれ、動画の概要や質問の候補などが表示される

もっと詳しい要約を作成する

ノートの概要には動画の要約が表示されていますが、これはかなり簡略化されたものです。そのため、もっと詳細な要約や箇条書きの要約などが必要な場合は、別途指示する必要があります。なお、要約したものはメモとしてノートに貼り付けられるので、いつでも読み返すことが可能です。

1 プロンプトを入力する

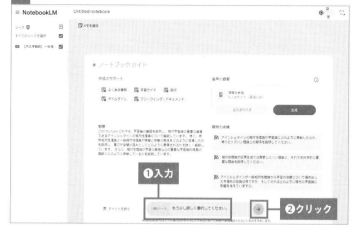

「詳しく要約してください」のような感じでプロンプトを入力し、「→」をクリックする

❶入力
❷クリック

2 要約を保存する

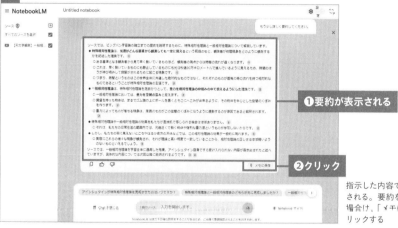

❶要約が表示される
❷クリック

指示した内容で要約が表示される。要約を保存したい場合は、「メモに保存」をクリックする

3 要約が保存される

要約が保存される

ノート画面に戻り、先ほどの要約がメモとして保存される。この要約を確認したいときは、メモをクリックすると再表示される

CHAPTER 4 YouTube動画を情報源としてフル活用する

文字起こしを確認する

　NotebookLMでYouTube動画を読み込んだ場合、自動的に文字起こしも行われます。そのため、自分で文字起こしを依頼する手間が省けるのが便利です。文字起こしを確認するには、ソースをクリックします。

1 ソースを開く

画面左側にノートに追加されているソースが一覧表示されている。この中から、文字起こしを確認するYouTube動画のソースをクリックする

2 文字起こしが表示される

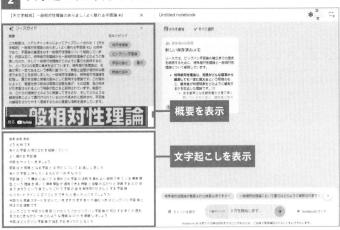

ソースが表示され、画面上部に動画の概要、画面下部に文字起こしが表示される

Column　新しいソースやノートを追加するには

　すでに作成したノートに新しいソースを追加したい場合は、画面左側に表示されているソース一覧の上部にある「ソース」の「+」をクリックします。新しいノートを作成するには、画面左上の「NotebookLM」ロゴをクリックします。ノート一覧が表示されるので、「新規作成」をクリックします。

YouTube以外の動画を要約・文字起こしする

　NotebookLMは、YouTube以外の動画を要約したり、文字起こししたりできます。この場合は、あらかじめ用意した動画ファイルをアップロードします。あとは、YouTube動画と同じ手順で要約と文字起こしが行えます。

　動画ファイルを用意する方法ですが、ネット上にアップされている動画の場合は、Web上のツールなどを使ってダウンロードしておきます。講義や講演会などを自分で録画したファイルがある場合は、それをアップロードしても構いません。ただし、追加できるファイルサイズは200MBまでです。これを超える大きさのファイルはアップロードできないので注意しましょう。

1 ファイルを追加する

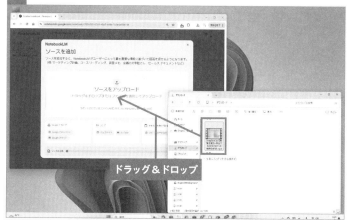

ソースの追加画面を表示し、「ソースをアップロード」の部分に文字起こしをする動画ファイルをドラッグ＆ドロップする

2 文字起こしが表示される

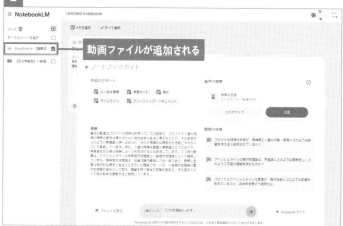

追加された動画ファイルの概要や質問の候補が表示される。あとは、YouTube動画と同じ手順で操作可能だ

> Column

続々登場する動画生成AI
短い動画なら十分使える！

目的に合ったサービスを選ぶ

　近年、AIによる動画生成サービスが急速に増加してきました。これまで高度な機材やプロの技術が必要だった映像制作も、これらのサービスを使えば手軽に作成できます。簡単に破綻なく長時間の動画を作れるサービスはまだ登場していませんが、数十秒から数分程度ならブログやSNS投稿、プレゼンテーションに使える動画は作れます。ここでは、特に注目を集めている動画生成AIサービスを紹介しますが、これら以外にもOpenAI社の「Sora」やTencent社の「Hunyuan Video」など続々と高性能な動画生成AIがリリースされています。

●NoLang

　「NoLang（ノーラング）」は、約30秒から3分の動画を「テキスト」または「Webサイト」の内容をもとに生成できるAIツールです。生成された動画は自然な日本語や内容で構成されており、さらに生成にかかる時間は3～5秒ほどと高速。クオリティの高いショート動画がごく短時間で作れるのが特徴です。

　用途としては、作成した資料やWebページを動画で要約したり、SNSなどに投稿するショート動画を作成したりするときに使うと便利でしょう。Googleアカウントなどでログインすれば、配布されたクレジットを使って動画を作成できます。また、有料プランに加入すると、クレジットが配布されるだけではなく、縦型動画のダウンロードができるようになるなど、すべての機能が利用可能になります。

NoLang
URL：https://no-lang.com/

簡単なテキストを入れるだけで最大3分のショート動画を生成できる。拡張機能を利用すれば、Webページの内容をまとめる動画の生成も可能。有料プランならモバイル向けの縦型動画のダウンロードも可能だ

●Vrew

「Vrew（ブリュー）」は、AIを活用したビデオ編集と字幕生成ができる動画編集アプリです。最大の特徴は、テキスト（台本）を入力するだけで映像や音声を自動で付けてくれて動画が作成できる点です。これにより、今まで必要だった動画編集の労力を大幅に軽減できます。

また、このアプリからChatGPTを使ったテキスト生成も可能なので、台本作りも一部自動化できます。アプリ自体は無料で利用できますが、ダウンロードにはアカウントの登録が必要です。なお、GPT-4など高度な機能を使う場合は、有料プランへの加入が必要になります。

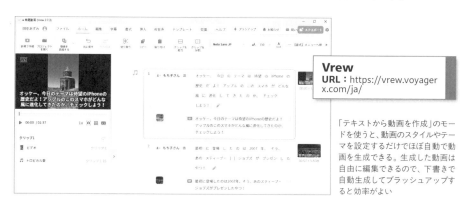

Vrew
URL： https://vrew.voyagerx.com/ja/

「テキストから動画を作成」のモードを使うと、動画のスタイルやテーマを設定するだけでほぼ自動で動画を生成できる。生成した動画は自由に編集できるので、下書きで自動生成してブラッシュアップすると効率がよい

●Runway

「Runway（ランウェイ）」は、AIを活用した動画編集・生成サービスで、Web版とスマートフォンアプリで利用可能です。高機能な動画編集ができるだけでなく、テキストや画像から簡単に動画を生成したり、生成した動画などのデータを編集したりできるのが特徴です。

特に動画生成能力は高度で、まるで映画のワンシーンのような動画をテキストから生成できます。無料アカウントは125クレジットが付与され、そのクレジット内で動画生成が可能です。有料プランなら生成回数が増え、透かしも消せるなどのメリットがあります。

Runway
URL： https://runwayml.com/

「Generation Video」で「Gen-2」を選ぶと、プロンプトを入力するだけで4秒の動画を生成できる。さらに高度な「Gen-3」は、もととなるイメージ画像を追加すれば利用可能だ

●Pika

「Pika(ピカ)」は、テキストを入力したり、画像データなどをアップロードしたりするだけで、AIが自動で動画を生成するサービスです。最新モデルの「Pika 1.5」では、さらに高品質な動画を生成できるようになっています。

また、プロンプトを使わずにユニークな効果を追加できる「Pikaffect」や、映画の撮影でプロが用いるようなカメラの動きを再現した画角を適用できるなど、豊富な機能が特徴です。無料でも毎日150クレジット分使えますが、商用利用はProプラン以上への加入が必要です。

Pika
URL：https://pika.art/

プロンプトを入力するだけで、高品質な動画の生成が可能。これ以外にも画像や動画をアップロードして、それをもとに動画の生成もできる。なお、複雑なプロンプトの場合、無料プランだと生成に時間がかかる

●HeyGen

「HeyGen(ヘイジェン)」は、自分だけのAIアバターを作成できるサービスです。テキストを入力してAIアバターを編集すると、まるで人間が話しているかのような動画を生成できます。

100種類以上あるアバターの中から好みのものを選択し、ボイスなどを調整していけば、数クリックするだけでAIアバターが作成できます。また、有料プランに加入すると、自撮りした動画をもとに、自分そっくりのAIアバターを作成することも可能です。なお、個人向けの有料プランは月額29ドルです。

HeyGen
URL：https://www.heygen.com/

アバターを選択し、ボイスなどを調整すればAIアバターが完成する。アバターを作成したら、話す内容や画面構成など編集すると、アバターが話す動画を作成できる

CHAPTER

5

PDFの内容を
手早く理解したい

夕方、会社で上司から500ページの報告書のPDFを渡されて「明朝までに内容
をまとめておいて」と指示されたら、あなたはどうしますか? 徹夜で朝まで頑張る
選択肢を真っ先に思いついた人はもはや時代に取り残されています。本章で紹
介するChatPDFやNotebookLMといった最新AIツールを使えば、長文のPDF
を自分で最初から最後まで読むことなく理解し、まとめることが可能なのです。

CHAPTER 5 ChatGPTではPDFの中身をうまく解説できない！

ChatGPT独特の仕様が妨げになる

　文章生成AIの特筆すべき機能の1つとして、長い文書の要約や内容に関する質問への回答が挙げられます。長文を読みこなし、内容を正確に把握するには、ある程度の作業時間とトレーニングが必要で、いつでも誰でもできることではありません。AIを使えば、ごく短時間のうちに、なんのトレーニングもなしで長い文書の中身を正確に理解できてしまいます。

　AIが読み込める文書形式として、テキストファイルのほか、PDFも利用可能です。しかし、ここで注意してほしいのがAIの選択です。最も代表的なAIであるChatGPTは、PDFの解説には必ずしも向いているとはいえないからです。

　最新のChatGPTは無料プランでもファイルのアップロードに対応しているため、PDFを簡単に読み込ませることができます。ところが、いざ内容に関する質問をすると、中身に含まれていない情報を使って回答してしまうケースがあるのです。これには、いくつかの理由があるのですが、ChatGPTならではの仕様が大きな要因として挙げられます。

▶▶一般的な知識に基づく回答が混ざる

　ChatGPTは与えられた情報だけでなく、トレーニングデータに基づく一般的なデータを用いて回答することがあります。これらの知識は、インターネット上の公開データから学習しており、書籍や記事、ブログ、ニュースサイト、百科事典（たとえばWikipedia）などの情報も使われています。また、学術論文や研究資料からも専門知識を学んでいるのが特徴です。PDFの内容を読み込ませたとしても、他の情報や知識を組み合わせて回答しようとする傾向があるのは、この学習機能によるものなのです。

　それでは、実際にChatGPTにPDFをアップロードして、質問に対してどのように回答するのか見ていきましょう。ここでは例として、厚生労働省が公開している日本人の栄養と食生活に関するPDF文書を読み込ませ、食生活と生活習慣病の関わりについて質問してみます。

> **プロンプト**
> 食生活と生活習慣病の関わりについて教えてください

食生活と生活習慣病の関係について説明します。

生活習慣病とは、主に食事や運動、喫煙、飲酒などの生活習慣が原因で発症する病気のことです。代表的な生活習慣病には、糖尿病、高血圧、心臓病、脳卒中、肥満、がんなどがあります。

食生活の影響：

- **高脂肪・高カロリーの食事**：脂肪やカロリーの過剰摂取は、肥満や高血圧、糖尿病のリスクを高めます。特に動物性脂肪の多い食事は、心臓病の原因となることがあります。

- **塩分の多い食事**：塩分の過剰摂取は高血圧の原因になります。高血圧は、心臓病や脳卒中のリスクを高める要因です。

- **野菜や果物の不足**：野菜や果物には、体に必要なビタミン、ミネラル、食物繊維が豊富に含まれています。これらが不足すると、生活習慣病のリスクが高まることがあります。

- **食物繊維の不足**：食物繊維は、腸の健康を保ち、肥満や糖尿病の予防に役立ちます。不足すると、肥満や便秘、糖尿病の原因になる可能性があります。

健康的な食生活のポイント：

1. **バランスの取れた食事**：野菜、果物、魚、穀物をバランスよく摂取することが大切です。特に野菜は1日350g以上が推奨されています (b1)。

2. **塩分の調整**：1日あたりの塩分摂取量を10g未満にすることが望ましいとされています (b1)。

3. **適切なエネルギー摂取**：自分に合った適正な体重を維持するために、エネルギー摂取と消費のバランスを保つことが重要です。

このように、日々の食生活を見直すことで、生活習慣病の予防につながります。自分の健康状態に合わせた食事の工夫が大切です。

このPDFでは、国民を取り巻く食生活の現状を分析したうえで、疾病や健康との関連、今後の課題などがまとめられています。ファイルをアップロードしたあと、プロンプトで「食生活と生活習慣病の関わりについて教えて下さい」と指示すると、上の画像のような回答が返ってきました。一見すると、もっともらしいことが書いてあるのですが、「食生活の影響」で解説されている内容は、一般論に終始しています。質問の意図は、PDFから生活習慣病に関連するポイントをコンパクトにまとめてほしいというものでしたが、結果的にはChatGPTが独自のデータをもとに見解を述べてしまっているわけです。このように独自見解を含んだ回答は、PDFを読み解くうえではかえって妨げになってしまいます。

推論やお節介的な記述が含まれることもある

ChatGPTは優れた生成AIですが、それゆえに独自に情報を補完したり、ユーザーの意図を深読みしたりする傾向があります。これは一般的な質問に対しては助かる機能なのですが、PDFファイルの情報のみを対象にしたいときは、ありがた迷惑ともいえます。たとえば、回答に必要な情報がPDF内に見つからない場合は、他の情報を参考にして補完した回答をしてしまいます。また、ユーザーが具体的に何を知りたいのかを正確に理解しようとするため、少し先回りして「この質問の背景にはこういう意図があるかも」と考えて回答することもあります。

さらに、回答を親しみやすくする目的や、ユーザーの理解を深める手助けをするために、質問の答えだけでなく関連情報やアドバイスなども積極的に盛り込もうとします。これらは、ChatGPTのすばらしい個性ともいえるのですが、PDFの記述内容を正確に把握したいときには、かえって煩わしく感じてしまいます。

たとえば、先ほどのPDFファイルに以下の質問をすると、ChatGPTは次のような回答を返してきました。

プロンプト

栄養状態、栄養素（食物）摂取レベルについて教えてください

栄養状態と栄養素（食物）摂取レベルについて、以下の情報が記載されています。

栄養状態

- **栄養状態**とは、体に必要な栄養素が適切に摂取されているかを指します。健康を保つためには、エネルギーやたんぱく質、ビタミン、ミネラルなどがバランスよく摂取されていることが必要です。
- 現代では、栄養不足だけでなく、過剰栄養も問題となっています。特に肥満は、エネルギーの過剰摂取が原因で、生活習慣病のリスクを高める要因とされています。

栄養素の摂取レベル

- **エネルギー摂取**については、消費するエネルギー量とのバランスが重要です。エネルギー過剰は肥満を引き起こし、逆に不足すると栄養失調になります。
- **脂肪**の適正エネルギー比率は、成人で20～25％が望ましいとされていますが、近年、脂肪の摂取比率が増加しており、これが生活習慣病のリスクを高めています。
- **食塩**の摂取は高血圧の予防の観点から、1日10g未満が推奨されていますが、現状では平均13.5gと高めの摂取量となっています。
- **野菜**の摂取は、ビタミンや食物繊維、ミネラルの摂取に重要な役割を果たしており、1日350g以上の摂取が推奨されています。
- **カルシウム**の摂取量は、骨の健康を保つために必要です。成人で1日600～700mgが必要とされており、乳製品、豆類、緑黄色野菜などの食品から摂取することが推奨されています (b1).

これらの情報から、健康的な食生活を維持するためには、エネルギーや栄養素のバランスが重要であり、過剰摂取や不足を避けることが大切だとされています。

　これも文章的には何の問題もありません。しかし、「栄養状態」の記述内容に関しては、PDFの内容に基づくものではなく、栄養状態という用語の理解を深めるための関連情報やアドバイスになっています。

PDFの読み込みにおすすめの生成AI

　これまで解説してきたように、PDFファイルの要約、内容に基づいた対話などを行いたい場合は、ChatGPTは避けたほうが無難です。PDFの分析には、アップロードしたファイルのみを対象にして回答する生成AIが適しています。特におすすめなのが、「ChatPDF」と「NotebookLM」です。
　「ChatPDF」は、ChatGPTと同じ言語モデルを利用しているものの、PDFファイルに依拠した回答を素直に返してくれるのが特徴です。一方、「NotebookLM」はすでにCHAPTER 4でも紹介したGoogleが提供しているサービスで、文書の解析に非常に強く、一度に複数のPDFをアップロードして読み込ませることも可能です。

次節からは、この2つの生成AIを使い、PDFの内容を素早く的確に理解するテクニックを紹介します。

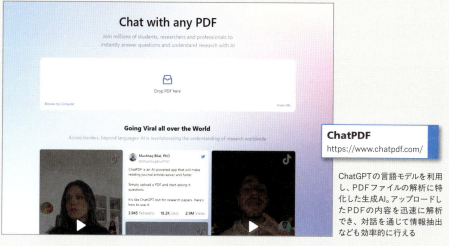

ChatPDF
https://www.chatpdf.com/

ChatGPTの言語モデルを利用し、PDFファイルの解析に特化した生成AI。アップロードしたPDFの内容を迅速に解析でき、対話を通じて情報抽出なども効率的に行える

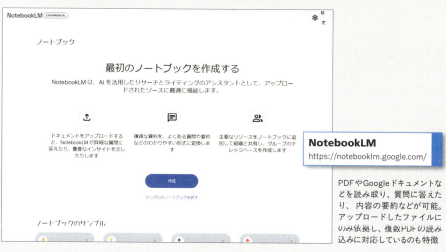

NotebookLM
https://notebooklm.google.com/

PDFやGoogleドキュメントなどを読み取り、質問に答えたり、内容の要約などが可能。アップロードしたファイルにのみ依拠し、複数PDFの読み込みに対応しているのも特徴

Column　PDF上の画像や図版を理解できる？

ChatGPTやChatPDFの場合、読み取れるのはテキストベースの情報が基本となり、画像や図などを直接理解することはできません。しかし、NotebookLMは画像や図などの認識に対応しており、どんな内容なのかは大まかに理解できます。ただし、あくまでもAI独自の判断になるので、最終的には自分で確認したほうが無難です。

CHAPTER 5　PDFの内容を手早く理解したい

CHAPTER 5 | ChatPDF

14 長大・難解なPDFを調べたい！「ChatPDF」で質問する

シンプルな回答で効率的に情報を取得できる

　「ChatPDF」は、PDFの分析に特化した生成AIサービスです。アップロードしたPDFファイルの内容についてチャット形式で質問したり、全体を要約したりできるのが特徴です。採用されている言語モデルはChatGPTと同じ技術ですが、勝手に関連情報を盛り込む傾向が少ないため、素直な回答が得られるのがメリットです。

　たとえば、「この論文の結論は何ですか？」や「このマニュアルの操作手順はどうなっていますか？」といった質問をすると、PDFの内容を分析して、必要な情報を抽出してくれます。長い文書を最後まで読む手間が省け、知りたいポイントだけを効率的に理解できるというわけです。

　また、50以上の言語に対応しているので、英語で書かれたPDFファイルをアップロードして、日本語で質問を投げかけることも可能です。外国語が苦手な人でも、海外の論文などを解析するのに重宝します。

　無料プランの場合は1日3ファイル（1ファイル最大120ページかつ10MB）、メッセージのやりとりは20回まで可能となっています。有料プランではファイル数やメッセージの回数が無制限になり、1ファイルのページ数の上限も最大2000ページ、32MBまで拡大されます。なお、ChatPDFの無料プランはサインインせずに利用できますが、Googleアカウントでサインインすれば、チャット履歴の保存などが可能になります。

PDFからほしい情報を引き出す手順

　ChatPDFにPDFファイルをアップロードすると、自動的に中身を識別し、それがどんな内容なのか概要をざっくり説明してくれます。また、そのPDFを深く理解するための質問例を3つ表示してくれます。あとは、メッセージ欄に質問を入力して送信すれば、それに応じた回答を返してくれます。なお、使い方などについて質問することも可能ですが、その場合もアップロードしたPDFに具体的に関連したアドバイスをしてくれるので、適切な質問を考えるのに役立ちます。

1 PDFファイルを読み込ませる

トップページの上部にある「Drop PDF here」にPDFファイルをドラッグ＆ドロップすると、ダウンロードが実行される。完了されるまでしばらく待とう

2 PDFの知りたい情報を質問する

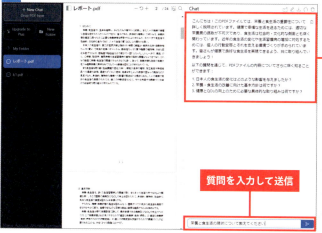

3ペインの画面に切り替わり、左端にファイルリスト、真ん中にPDFのファイルビューア、右側にチャットが表示される。チャット画面下部のメッセージ欄に質問を入力して送信すればよい

3 質問に応じた適切な情報を回答

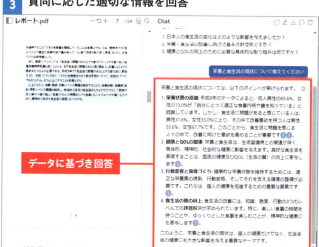

この例では、本章の冒頭で取り上げた厚生労働省のPDFを読み込ませた。「栄養と食生活の現状について教えてください」と聞いてみると、PDFの中から具体的な情報を取り出し、わかりやすく回答してくれた。各回答の末尾にはPDFの該当箇所のリンクを表示してくれるので、クリックするだけでファイルビューアでその部分を確認できる

CHAPTER 5 PDFの内容を手早く理解したい

103

特定のデータや数値をまとめてもらう

　報告書や決算関係のPDFの場合、文章の中でデータ数値などを解説していることがありますが、長い文章の場合は、自分でデータを拾ってまとめるのはかなり面倒です。そんなときChatPDFを使えば、プロンプトで指示するだけでデータをわかりやすくまとめてくれます。ここでは例として、内閣府が公開している令和6年の防災白書のPDFを使い、能登半島地震の被災状況についてのデータを抽出してまとめてもらいます。

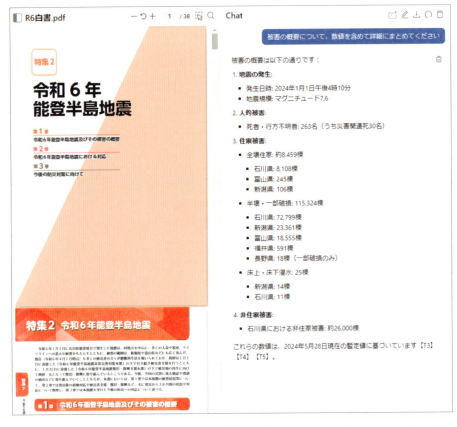

　プロンプトで「被害の概要について、数値を含めて詳細にまとめてください」とメッセージを送信すると、上の画像のように、地震発生日時と規模、人的被害、住家被害、非住家被害の数値データを回答してくれます。PDFの解説文の中からデータだけを素早く知りたいときなどに活用するといいでしょう。

PDFの全体的な内容をコンパクトに要約する

　PDFの全体的な内容をかいつまんで理解したいときは、ChatPDFでコンパクトに要約してもらうことが可能です。ただし、単に「要約して」と指示してしまうと、AIが重要だと独自に判断した内容しか反映されないことがあります。あくまでも全体的な流れを踏まえてバランスよく要約してもらうには、その旨をはっきりとプロンプトで伝えるのがポイントです。

　この例では、プロンプトで「このPDFの全体を詳細かつバランスよく要約してください」と指示しました。PDFの中身についての説明のあと、章ごとの内容をそれぞれ要約してくれています。なお、回答結果を踏まえて、もっと短くしたい場合は、続けて「さらにコンパクトに要約して」と指示すればOKです。

CHAPTER 5

NotebookLM

15 複数のPDFをまとめて扱うなら Googleの「NotebookLM」で

複数のPDFを一括で読み込ませて分析する

　仕事や勉強では、複数のPDFをもとに資料を作成するようなケースもあるでしょう。たとえば、日本の国民生活について調べたいときに、経済関連のデータに加え、働き方や健康に関するデータも追加すれば、多角的な分析が行えます。しかし、複数のPDFを扱う場合、ひとつずつファイルを読み込ませて質問や要約を繰り返すのは面倒です。あるPDFで質問をしている途中に、別のPDFで関連する質問を行いたいときなどは、操作の切り替えなどが煩わしくなります。そこでおすすめなのが、「NotebookLM」です。

　PDFなどのドキュメントファイルの分析に大変優れており、複数のPDFを一括でアップロードし、まとめて情報ソースとして質問できます。アップロードできるPDFファイルのサイズは最大200MB。1つのノートブックには最大50個のファイルをソースに含めることが可能です。

●情報源にする複数PDFをアップロード

　NotebookLMにPDFをアップロードするには、トップページの「作成」をクリックするか、各ノートブックを開いて左側メニューの「ソース」横の「＋」をクリックして行います。「ソースをアップロード」という画面が表示されるので、情報源にするPDFファイルをまとめてドラッグ＆ドロップするか、「ファイルを選択」からすべて指定すればOKです。

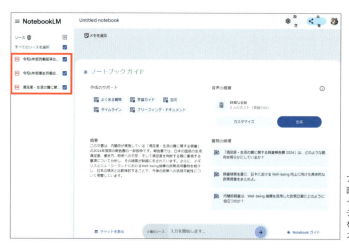

アップロードが完了すると、画面左側に読み込んだPDFファイルのリストが表示される。チェックボックスのオンとオフを切り替えることで、回答のソース対象の選択が行える

●質問すると複数のPDFをもとに回答を作成

ここでは例として、日本の労働環境や生活レベルについて調べるために、厚生労働省が公開している令和6年版の労働経済白書、同じく令和6年版の厚生労働白書、さらに内閣府が公開している「満足度・生活の質に関する調査」の計3つのPDFファイルをアップロードしてみました。これらのPDFを情報ソースとして、調べたい内容を質問していきましょう。まずは、近年深刻化している労働市場の人手不足について聞いてみます。画面下部の入力欄に質問を記入し、「→」をクリックしましょう。

質問はシンプルな聞き方でしたが、情報源のPDFに含まれる関連情報を使いながら、人手不足の概要や要因、政府や企業の取り組み、今後の課題などを見出し付きの箇条書きでまとめ

てくれました。これらの情報の中で気になるものがあれば、さらに質問を重ねて深掘りしていけば、より具体的なデータなどを調べることができます。

なお、各回答の末尾には、記述内容の根拠になった箇所のリンクが脚注のような形式で表示されています。1つの回答であっても、必要に応じて複数のPDFソースからデータを採用しているので、より内容が強化され、多角的で信頼性の高い回答になっているのが特徴です。

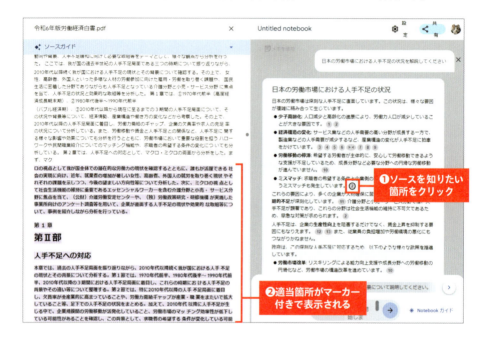

末尾の脚注のリンクをクリックすると、左側に「ソースガイド」画面が表示され、回答のベースになった箇所がハイライト表示されるしくみになっています。スムーズに根拠を確認できるので、回答内容を精査したいときなどに活用するといいでしょう。

Column　チャット履歴の記録は「メモに保存」を利用

対話型の生成AIの多くでは、チャット履歴が自動的に保存されますが、NotebookLMでは自動保存に対応していないため、一度ページを離れると回答が消えてしまいます。保存したい場合は、回答の右下に表示されている「メモに保存」をクリックしましょう。回答内容のメモが作成され、画面上のメモ一覧に表示されます。ただし、保存されるのは回答のみで表示専用の形式になっています。質問を残したい場合は別途コピーし、自分でテキストファイルに貼り付けるなどして保存しましょう。

●PDFごとの要約を一気に作成する

　NotebookLMを利用すれば、複数PDFの要約も一気に片づきます。一度のプロンプトだけで、アップロード済みの各PDFの要約を作成してくれます。たとえば3つのPDFファイルをアップロードした場合は、「提供した3つのソース内容をそれぞれ要約してください」と指示すれば、資料名ごとに要約を出力してくれます。

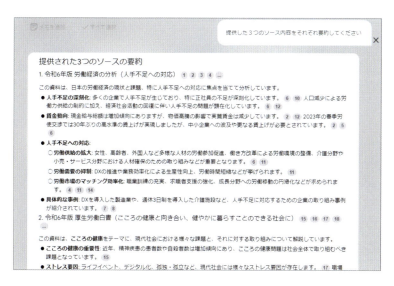

　また、テーマが関連した複数PDFの場合は、特定の視点に基づいて要約を統合したいときもあります。その場合は、続けて、「これらの内容を（ここに特定の視点を入力）という視点で統合して要約してください」のように指示すれば、適切な内容を統合して回答してくれます。

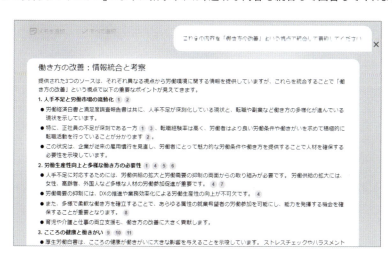

●PDFを比較して異なる視点や見解を調べる

　複数のPDFが同じ分野について論じているような場合は、内容を比較して視点や見解の相違を調べたいときもあります。このような場合は、調べたいテーマやキーワードをプロンプトに含めて指示すれば、各PDFごとの違いなどをまとめてくれます。ここの例では、「少子高齢化」について、資料ごとの視点の相違を質問してみました。

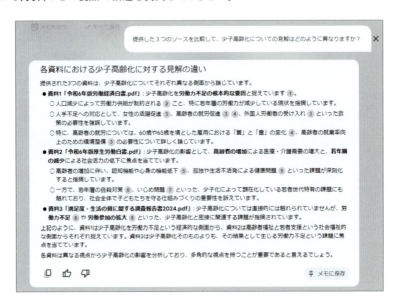

　この回答では、各資料が異なる側面から少子高齢化について論じていることが述べられ、相違点などを解説してくれます。また、少子高齢化に直接触れていない「資料3」についても、関連性が深い「労働力不足」についての内容を拾って指摘しています。このように、PDFを比較することで得られる情報が多いのもNotebookLMの大きなメリットといえるでしょう。

> **Column　PDFには書かれていない重要な情報を提案**
>
> 　NotebookLMはアップロードしたPDFをベースに回答してもらうのが基本ですが、あえてPDFに書かれていない重要なポイントを探ることに使うこともできます。たとえば、「これらのPDFに書かれてないけど、重要そうな情報は何？」と質問すると、PDFのテーマに応じてAIが重要だと判断した独自の情報を提案してくれます。追加で調べるべきトピックや、新たな疑問を発見したいときに向いている使い方です。

●業績などのデータを比較分析する

　前ページで解説したように、複数PDFを簡単に比較できるのもNotebookLMの特徴ですが、これは企業業績のようなデータの比較分析にも活用できます。たとえば、ライバル企業の決算報告書のPDFを読み込ませれば、利益や財務状況などについて比較しながら理解できます。ここでは、日本を代表する総合商社である三菱商事と伊藤忠商事の業績を比較してみます。両社が公式サイトで公開している2025年3月期第1四半期の決算短信のPDFを入手し、NotebookLMにアップロードしました。

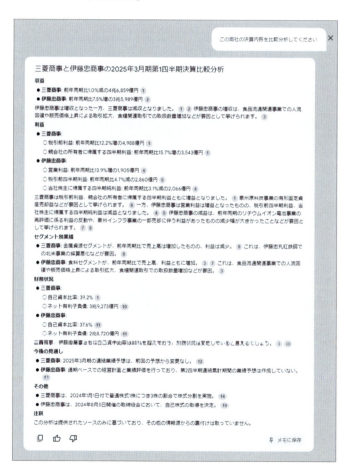

　上の例では、「この両社の決算内容を比較分析してください」と質問しました。収益、セグメント別業績、財務状況、今後の見通しなどについて、両社のデータを詳細に比較した内容を回答してくれます。株式投資などをしている人は、この方法で気になる企業の決算報告書を比較すれば、より良好な企業を見つけるのに役立つでしょう。

「Notebookガイド」で便利な機能を使いこなす

　NotebookLMには、「Notebookガイド」という画面が用意されています。ここでは、読み込んだソースの概要を確認したり、Q&Aにまとめたり、内容を時系列に並べたり、2人でのトークに変換したり、人間がやるとかなり時間や手間がかかる作業をNotebookLMが代行してくれます。うまく利用できれば、非常に強力なツールになること間違いなしです。

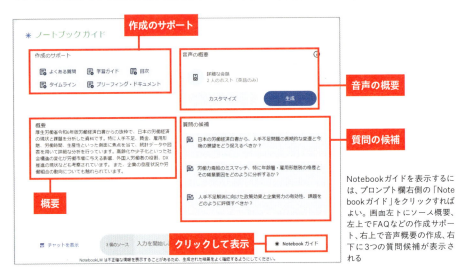

Notebookガイドを表示するには、プロンプト欄右側の「Notebookガイド」をクリックすればよい。画面左下にソース概要、左上でFAQなどの作成サポート、右上で音声概要の作成、右下に3つの質問候補が表示される

■「概要」でソース内容を大まかに確認

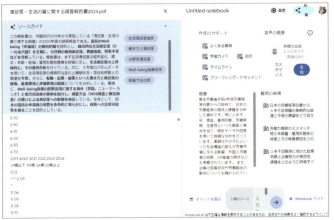

「概要」には、追加したソース内容についての大まかな解説が表示される。ただし、複数のソースがある場合はソースリストの先頭のものについてのみ表示される。ほかのソースについての概要を見たい場合は、表示中の概要を「×」をクリックして閉じ、左側のリストからソースをクリック。画面左上に表示される「ソースガイド」で確認できる

■「作成のサポート」でよくある質問などを簡単作成

「作成のサポート」から「よくある質問」をクリックすると、ソースから抽出した情報をもとにFAQを作成してくれる。「学習ガイド」では内容の理解を深めるためのQ&Aの作成が可能。さらに複数のソースをまとめた「目次」や、歴史などの情報を時系列にまとめた「タイムライン」、要点を絞ってまとめた「ブリーフィング・ドキュメント」の作成もできる

■「質問の候補」からワンクリックで質問を実行

「質問の候補」に表示されている3つの質問候補は、それぞれクリックするだけでプロンプトが入力される。自分の意図と合致している質問があれば、操作の手間を大幅に省略できるのがメリットだ

■ディスカッション形式の「音声の概要」を作成

「音声の概要」の「生成」をクリックすると、ソース内容を男女2人の登場人物による掛け合いで解説する音声データ（現在は英語のみ）が作成される。音声データは非常に聞き取りやすく、英語の勉強にもなるだろう。WAV形式の音声ファイルとしてダウンロードも可能

Column

PDF以外のソースも活用して さらにNotebookLMが便利に!

多様なソースを利用できる

　NotebookLMで利用できるソースはPDFだけではありません。すでにCHAPTER4で解説したようにYouTube動画やWebサイトのURL、音声ファイルなどの読み込みにも対応しています。ここでは、PDF以外のソースの活用方法をご紹介しましょう。

●特定のWebサイトの情報をソースとして利用

　時事情報などを詳しく調べたい場合は、ニュース記事のURLを指定すればソースとして利用できます。たとえば、アメリカ大統領選挙について調査したい場合は、複数のニュースサイトの関連記事のURLを追加すれば、広い視点から分析できます。なお、一部のサイトでは外部サービスの利用を制限しており、その場合はURLを貼り付けてもブロックされてしまい、取り込むことができません。

1　WebサイトのURLを指定する

NotebookLMの「ソースを追加」画面で「ウェブサイト」をクリック。表示された画面で取り込みたいサイトのURLを入力し、「挿入」をクリックする

2　知りたい情報を対話で引き出す

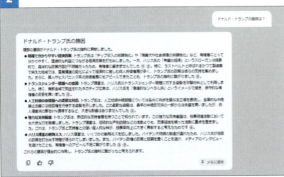

ここでは、2024年のアメリカ大統領選挙について解説している複数のニュース記事や研究機関のレポートをソースに追加した。もちろん英語サイトにも対応するので、世界中のサイトを参照できる。「ドナルド・トランプの勝因は？」と聞くと、サイト内の情報を集約して的確な分析結果を回答してくれる

●会議などの音声ファイルもソースとして活用可能

　会議内容などを音声データとして保存している場合は、その音声ファイルをアップロードして取り込めば、会議の内容を要約したり、特定の項目に関するやりとりを調べることができます。頻繁に会議をする人は、過去の会議音声をすべて取り込んでおけば、長時間の会議の内容を要約して箇条書きにまとめるといった使い方が可能になります。

■ 長時間の会議でも必要な情報だけを調べられる

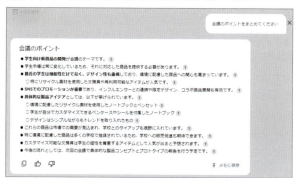

「ソースを追加」画面の「ソースをアップロード」に、音声ファイルをドラッグ＆ドロップして取り込む。会議の音声なら、「会議のポイントをまとめて」と伝えれば、箇条書きで重要なポイントを整理してくれる

●Googleドキュメントやテキストにも対応

　Googleドキュメントやスライドとの連携もできます。レポートやプレゼンテーション資料などをGoogleドキュメントなどで作成している人は、これらをソースとして取り込めば、問題点の発見や分析などに活用できるでしょう。また、NotebookLMでは、コピーしたテキストを貼り付けてソースとしてアップロードすることも可能です。

■ Googleドライブ内のドキュメントやスライドを取り込む

「ソースを追加」画面で「Googleドキュメント」や「Googleドライブ」をクリック。Googleドライブのアイテム選択画面からファイルを選択し、「挿入」をクリックするとアップロードできる

115

Column

情報の共有に最適！「Notion」で生成AIの機能を利用する

仕事のデータ作成を大幅に効率化する

　メンバー同士で情報を共有したいときに大変便利なのが「Notion」です。1人で行うプロジェクト管理にはあまり向きませんが、複数人で行うプロジェクトやタスクを管理し、データベースを共有したいなら、一度は試してみたいサービスでしょう。ページやブロックを使って効率的に情報を作成・管理でき、テキストや画像などの各種コンテンツを組み合わせながら自分好みのワークスペースを作成できるのが特徴です。そのカスタマイズ性の高さから、ビジネスパーソンを中心に大変人気のあるサービスですが、そんなNotionの操作をさらに便利にしてくれるのが、専用の生成AI機能である「Notion AI」です。

　テキストなどを入力する際にAIを呼び出しプロンプトを与えると、指示に応じてコンテンツを高速に作成できます。社内で共有する書類作成も大幅に時短できるので、活用しない手はありません。また、ワークスペース内のすべての情報をもとに的確な回答をしてくれる「Q＆A」機能もあるので、社内文書の立案や情報全体を把握したい管理職の人に向いています。

　Notion AIはNotion無料プランでも、お試しでメンバー1人につき月20回までは無料で使えます。回数無制限で使いたい場合は有料となり、年額1万6200円または月額1650円かかります。

●Notion AIを呼び出す

　入力時にNotion AIを呼び出すには、テキスト入力欄で半角スペースを入力するだけでOKです。自動的にAI用のメニューが表示されるので、ここから利用したい項目を選択しましょう。また、ページ内の入力ではなく、AI機能だけを使いたい場合は、画面左側のメニュー一覧にある「Notion AI」から利用可能です。

Notion
開発者：Notion Labs Inc
URL：https://www.notion.so/ja-jp

ページ内でテキスト入力欄をクリックすると、自動的にAI連携モードに切り替わり、表示されたメニューから操作を選択する。質問のほか、書類の執筆やアイテムの作成などのお手伝いをしてもらえる

●社内で利用する文書を作成する

　社内で共有する業務報告書などを作成したい場合は、ゼロから作るとなると意外と大変です。そんなときはNotion AIを呼び出して、基本となるフォーマットを作成してもらうのがおすすめです。業種や職種などを簡単に指示するだけで汎用性の高いスタイルが出来上がるので、あとは必要に応じて書き換えます。ここでは業務報告書を例にしていますが、出張報告書や企画書なども同様の流れで作成できます。書類の作成が苦手な人は、ぜひAIにお手伝いしてもらいましょう。

ここでは例として、洗濯機の修理部門の業務報告書を作成する。Notion AIを呼び出したら、「洗濯機の訪問修理の業務報告書のフォーマットを作成してください」と入力し、[Enter]キーを押そう

AIが作成したサンプルが青字で表示されるので、問題なければ、下部に表示されているメニューから「許可」をクリックする

作成データが確定し、テキストが黒く変わる。あとは、社内文書として扱いやすいように、必要に応じて項目などを書き換えればよい

●Mermaid記法のフローチャートを作成する

　仕事の手順などを共有するためにフローチャートを作成する機会も多いでしょう。しかし、慣れていない人がフローチャートを作るのは、かなり手間がかかります。Notion AIはMermaid（マーメイド）記法に対応しているので、ステップの内容をざっくり指示するだけで、本格的なフローチャートを簡単に作成することができます。直線的なステップはもちろん、分岐のある複雑なステップのフローチャートも難なくこなせます。また、自分が詳しくない分野に関しても、AIに質問しながら作成できるのがメリットです。なお、日本語でステップの内容を書く場合は、ダブルクォーテーションで括ることが必要となります。

ここでは例として、不動産会社のマンション建設に至るまでのステップをフローチャートにする。AIを呼び出したら、「以下のフローをMermaidで図にしてください」と入力し、その下に各ステップを番号付きで記述する。分岐がある場合は、「Aの場合：その後のステップ番号」のような形式で、条件とその後のステップを書けばOK。ステップを入力したら、[Enter] キーを押してプロンプトを実行する

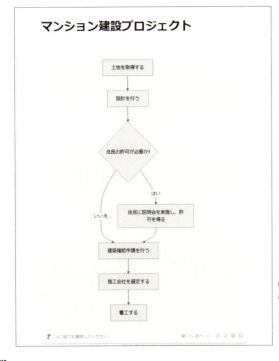

　Mermaid記法とは、文章で簡単にフローチャートやシーケンス図などを作成するためのスクリプト言語です。シンプルなコードを書くだけで多彩な種類の図を描画できます。NotionのようにMermaid記法に対応するWebサービスや、Markdownエディターなどを使ってコードを記述することで図解を作成できます。

Notion AIがステップをMermaid記法に変換し、瞬時にフローチャートを書いてくれる。フローチャートを作る機会の多い人は、この方法で時短につなげよう

CHAPTER

6

難しい解説を
わかりやすくする
図解を用意する

提案書を作るとき、大量の箇条書きを並べていませんか? 図解のない提案書
は、途中で読むのを止める経営者も少なくありません。素晴らしいアイデアを
持っていたとしても、図解という「入場券」がないと、入口にも到達できないので
す。本章では、Napkin AI や Mapify といった革新的な AI ツールで簡単に図解
を作る方法を紹介します。これらのツールを使えば、デザインの素人 でもプロ顔
負けの図解を作れるのです。

CHAPTER 6 複雑な概念の解説には単純化された図解が必須！

なぜ図解があると複雑な概念が理解しやすいのか

　複雑な内容や構造を持つ文章を理解する際には、図解を活用することが非常に効果的です。その理由として、文章には図解にない特徴が挙げられます。その特徴とは、文章が常に先頭から末尾に向かって一方向に進んでいく性質を持っているということです。そのため、文章の末尾に書かれた結論を理解するには、少なくともある程度は途中の内容を覚えておく必要があります。

　ところが、複雑な内容や構造を持つ文章では、文章の意味を最後まで覚えておくのは難しいかもしれません。そんな場合、フローチャートやツリー図、ピラミッド構造、グラフ、ベン図といった図解を効果的に用いることで、文章中の要素間の関係を視覚的に把握することができ、内容を覚えておく必要が薄れるため、格段に文章を理解しやすくなります。

　さらに、図解には別の効果もあります。延々と続く文字の羅列に比べ、適切に配置された図解は読み手の注意が散漫になるのを防ぎ、重要なポイントを効果的に強調することができます。このような視覚的な刺激は、内容の記憶定着にも大きく貢献するため、学習効果を高めるうえでも非常に有用といえます。

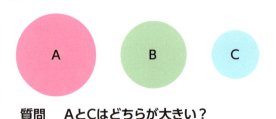

質問に回答するには、前提条件となる文章を理解したうえで記憶しておく必要がある。この程度なら問題ないが、文章が複雑で高度な内容を含むものとなると、なかなか大変だ

同じことを図解で表現した。これなら、質問が多少複雑になっても正しく回答しやすい

図解作成はハードルが高い

「図解が必要なのは理解できた。では、図解を文章に入れるようにしよう」と考えたときにぶつかるのが、図解の作成が文章の執筆より数段難しいことです。

図解の作成は、文章の執筆と比較して、より高度なスキルと作業環境を必要とする作業です。文章執筆の場合、書籍を読んで学んだり、実際に文章を書いて練習したりするなど、さまざまな形でトレーニングを積むことができます。また、執筆した文章に対して添削を受けたり、第三者から評価をもらったりすることも比較的容易です。さらに、執筆に必要な道具も、紙とペンという伝統的なものから、パソコンのワープロソフト、スマートフォンのメモアプリ、SNSやメールといったデジタルツールまで、身近に数多く存在しており、大半が使いこなしに特別なトレーニングは必要なく、すぐに使えます。

一方、図解の作成においては、まずトレーニングの機会自体が限られています。文章執筆と比べて作業頻度が低く、作成した図解に対して添削や評価を行ってくれる専門家を見つけることも困難です。また、図解の作成に関する解説書や参考資料もやや少ないため、多くの場合、試行錯誤を重ねながら独学で技術を磨いていく必要があります。

それ以上に問題になるのが、見た目の整った図解を作成するアプリは、程度の差こそあれ、使いこなすのにトレーニングが必要なことです。たとえば、この用途でよく使われるのがPowerPointですが、そもそもアプリ自体、WordやExcelよりは難易度が高いといわれます。また、PowerPointは細部の調整が難しいと感じて他のツールを使うとなると、途端に難易度が大幅に上がってしまいます。それらのツールについて解説を掲載するサイトや書籍も限られます。

▶▶▶ AIサービスで図解を作る

このような状況を踏まえると、近年発展が著しいAIサービスを図解作成に活用することは、1つの有効な選択肢となります。完全なものができなくても、叩き台として使うなら問題ないケースもあるでしょう。ただし、現状のAIは人間なら誰でも理解できるような論理的推論でさえ、まったく理解していないため、生成された図解は人の手による確認や修正が必要不可欠です。

とはいえ、AIが生成した図解であっても、読者の注意を引きつける視覚的効果は十分に期待できますし、最終的な図解を作成するための素案として活用することも可能です。このように、AIを適切に活用することで、図解作成のハードルを下げ、より効果的な情報伝達を実現することができるといえます。

従来の図解作成における課題

デザインスキル

デザインツールの習得

テンプレートの選択

作成時間

素材の取得

図解生成AI「Napkin AI」が生成した図解例。このような図解をわずか数秒で手に入れることができる

どんなAIサービスで図解を作成するか

　AIによる図解作成ツールがいくつか公開されていますが、これらのツールはテキスト文書を読み込ませるだけで、わずか数秒でそれらしい図解を自動的に生成してくれるので、作業時間を大幅に短縮することができます。また、直感的な操作性と多様な図解スタイルにも対応しているので、クオリティの高い図解を簡単に手に入れることが可能です。

　AIへの入力は図解のもととなる文章だけで、プロンプトは不要です。また、図解の種類、デザイン、色使いなど、すべてAIが提示してくれるので、ユーザーは、それらの中から自分のイメージに合ったものを選択していくだけです。デザインスキルやツールの操作スキルなどは一切必要ありません。これにより、図解作成にかかる時間と労力を大幅に削減することができます。

　ここでは、今、大注目の2つのツールを紹介します。

▶▶▶ 図解生成AI「Napkin AI」

　今、最も注目を集めている図解生成AIがNapkin（ナプキン）AIです。視覚的にわかりやすい資料作成、特に図解作成に特化したサービスで、テキストからワンクリックでグラフや図解などを作成してくれます。2024年9月に日本語対応したのをきっかけに利用者が急増中です。本稿執筆時点ではベータ版ということで、有料（Professionalプラン）の機能も無料で利用することができます。

　テキストを入力して、図解化したい箇所を選択して「Spark（稲妻）」アイコンをクリックすれば、わずか数秒で図解やグラフ、フローチャートなどを生成してくれます。また、生成された図解はPNG、SVG、PDF形式でエクスポートできるので、さまざまな用途での利用が可能です。

　作成した図解は再販やマーケティングなどの商用目的にも使用可能です。ただし、個々のアイコン、イラスト、または検索結果のコレクションを再販することは禁止されています。なお、生成される図解はNapkin AIのデザイナーが作成したデザインに基づいたもので、インターネットから収集した画像を使用したり、組み込んだりしていないので、既存のインターネットコンテンツに関連する著作権に関する不安もありません。

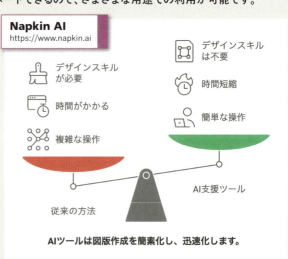

Napkin AI
https://www.napkin.ai

AIツールは図版作成を簡素化し、迅速化します。

図解生成AI「Napkin AI」が生成した図解の例。提示された図解の種類とカラーを選択するだけでこのような図解が簡単に取得できる

▶▶▶ マインドマップを自動生成「Mapify」

アイデアの出し方にはいくつか方法がありますが、1つの大きなテーマに対して多様な観点からアイデアを系統的に形にしたいとき、最も便利なのがマインドマップでしょう。箇条書きにするよりも順番にとらわれずにアイデアを並べることができるのが、大きな特徴となっています。

マインドマップを作るには、中心にキーワードを置き、そこから放射状に関連するアイデアや情報を枝状に広げていきます。各ノード同士は、線の色や太さなどを変えて、結びつきの強さを表現することができます。

マインドマップは、1つのテーマに関する多岐にわたるアイデア出しや、複雑な構造の文書の内容把握にも使えますが、作成にはかなり時間がかかります。しかし、Mapify（マッピファイ）を使えば、さまざまな形式のリソース（テキスト、PDF、Word文書、URL、動画、音声など）から自動的にマインドマップを瞬時に生成することができます。

生成されたマインドマップは、そのままレジュメとして資料に添付したり、必要な部分だけを抜き出して利用したりすることもできます。

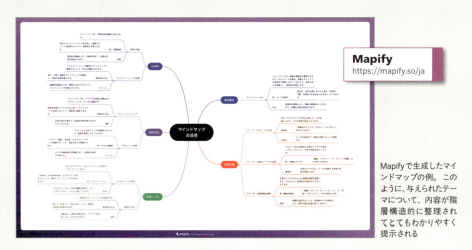

Mapify
https://mapify.so/ja

Mapifyで生成したマインドマップの例。このように、与えられたテーマについて、内容が階層構造的に整理されてとてもわかりやすく提示される

Column　ツールの特性を理解し、効果的に活用する

AIを活用した図解作成ツールは、私たちのコンテンツ制作の在り方を変えつつあります。ただし、これらのツールはあくまでも補助的な存在として、伝えたい内容や目的に応じて使い方を選択することが大切です。たとえば、Napkin AIで生成された図解は文章と中身が合わないケースも発生します。ツールの特性を理解し、効果的に活用することで、より魅力的で理解しやすいコンテンツ作成に活用しましょう。

CHAPTER 6　難しい解説をわかりやすくする図解を用意する

CHAPTER 6 　Napkin AI

16 超短時間でわかりやすい図解を簡単作成できる「Napkin AI」

用意した文章に合った図解を生成

「Napkin AI」は、もとの文章を入力するだけで、それらしい図解の生成が簡単に実行できます。生成された図解はPNG、SVG、PDF形式でダウンロード可能なので、プレゼンテーションに貼り付けたり、動画内での解説に使ったり、社内ポスターで掲示したり、用途はいろいろ考えられます。

ここでは、事前に用意した文章から図解を生成する手順を紹介します。サインインすると、初回の操作時にはチュートリアルが表示されるので、まずは数百文字程度の文章を用意して試してみましょう。2回目以降は、画面左上の「＋Napkin」ボタンから白紙のナプキンを開くことができます。

なお、生成された図解内容が、文章とは全く関係ない場合もあるので、生成後の内容確認はしっかり行いましょう。図解の種類によっても内容が変化するので、種類を選ぶ際には見た目だけではなく、中身が正しいかもチェックが必要です。

また、1つのドキュメントに複数の図解を挿入する場合には、それぞれ色合いやタッチが同じスタイルを選ぶことで、ドキュメント全体に統一感を持たせることができます。

プレゼンテーションと視覚効果

人間の脳は、文字情報よりも視覚的な情報の方が処理しやすいと言われています。文章に図版を添えることで、複雑な概念や関係性を直感的に理解させることができずに、専門性の高い内容などもわかりやすく伝えることが可能になります。
また、視覚的な情報は記憶に残りやすいという効果もあります。例えば、プレゼンテーションも適切な図版を用いることで、質を大きく向上させ、聴衆にインパクトを残す効果が期待できます。

複雑な情報を伝える最も効果的な方法を選択する

Napkin AIを使うと、上の文章を入力しただけで、下の図解がすぐに作成できる。タイトルなど図解内の一部の文言は、上の文章の内容とは合わないので修正する必要があるが、図解の構造自体は間違っていない

1 Napkin AIに文章を与える

Napkin AIのアカウントを登録したら、用意した文章をペーストする。すると、新しいNapkinが作成されて、ペーストした文章とチュートリアルが表示される。指示にしたがって操作を確認してみるといいだろう

2 文章を選択して図解を生成する

2回目以降は画面左上の「＋Napkin」ボタン→「Blank Napkin」をクリックして白紙のナプキンを開き、事前に用意した文章をペーストする。すると、AIが見出しや本文など文章構成を解析し、節や段落が設定される。段落部分にマウスポインターを合わせると左横に縦線と「Spark」(稲妻)アイコンが表示される。「Spark」アイコンをクリックすると図解の生成が行われる。なお、任意の場所の文章から図解を生成したい場合には、その部分をマウスでドラッグして選択する

3 図解が出来上がった

数十秒程度で図解が生成される。図解中の文言やアイコンの図柄が文章の趣旨と合っているかどうかをチェックしよう。特にアイコンの図柄は、文章の中身と全く関係ないものができやすいので注意したい

4 図解の種類を選択する

生成する図解の一覧が表示されるので、利用したい種類をクリックする。なお、一覧の一番下までスクロールし、「Generate more」をクリックすると、さらに候補が表示される

4 図解のスタイルを選択する

種類を選択するとスタイル一覧が表示されるので、使用するスタイルをクリックする。なお、1つのドキュメントに複数の図解を挿入する場合には、それぞれ色合いやタッチが同じスタイルを選ぶようにすると、ドキュメント全体に統一感を持たせることができる

6 図解をエクスポートする

スタイルをクリックすると、生成が確定する。生成された図解に誤りがないか確認し、問題なければ、マウスをドラッグして選択。表示されたツールバーの「ダウンロード」ボタンをクリックする

7 ファイル形式などを選択してダウンロード

ダイアログボックスが表示されるので、ファイル形式（PNG、SVG、PDF）、カラーモード（Color mode）、背景透過（Background）、解像度（Resolution）を選択して「Download」をクリックする

●生成された図解を編集する

生成された図解は編集することができます。文章と内容が一致しない部分などがあったら、修正するとよいでしょう。

アイコン、文字、配置などの変更や追加・削除が可能です。編集したいアイコンや文字をクリックするとツールバーが表示されます。ツールバーのボタンをクリックして修正を行いましょう。

■ テキストを編集する　　　　　■ アイコンを編集する

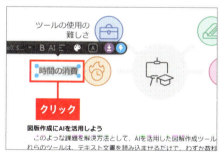 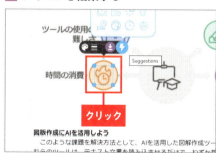

編集したい文字をクリックして表示されるツールバーのボタンをクリックすると、「フォント」などを設定・変更できる。また、アイコンと紐付いている文字の場合は「稲妻」ボタンをクリックして、アイコンを変更することもできる

編集したいアイコンをクリックすると、ツールバーが表示される。「稲妻」ボタンにマウスオーバーするとアイコン候補の提案が表示されるので、変更したいアイコンをクリックする。また、線の太さや色も変更できる

CHAPTER 6 Mapify

17 マインドマップを自動生成して難解な文章を理解「Mapify」

AIでマインドマップを自動生成

　「Mapify（マッピファイ）」は、さまざまな形式のコンテンツからAIを使ってマインドマップを自動生成してくれるWebサービスです。従来のマインドマップ作成ツールとは異なり、ユーザーが手動で項目を入力する必要はありません。読み込んだコンテンツから瞬時に、重要なポイントを抽出して、構造化したマインドマップを生成してくれます。
　対応するコンテンツは、多岐にわたります。

・文書ファイル（PDF、Word、PowerPoint、Excel、Text、CSV各形式）
・長文（テキスト貼り付け）
・Webサイト（リンクを貼り付け）
・YouTube（ビデオリンクを貼り付け）
・画像（PNG、JPG、JPEG、WEBP画像）［Pro/Unlimitedのみ］
・オーディオ（MP3、MP4、WAV、AVI各形式など）［Pro/Unlimitedのみ］

　生成されたマップの構造には「マインドマップ」「ロジックツリー」「ツリーチャート」「タイムライン」「特性要因図」「グリッド」が選択可能です。また、それぞれの構造にはいろいろなスタイルが用意されています。
　なお、Mapifyは有料のサービスですが、無料（トライアル）で10クレジット分の利用が可能です。トライアルでその効果を試してから、サブスクリプション購入を検討するとよいでしょう。

読み込んだコンテンツから瞬時にマインドマップが生成される。対応するコンテンツは、PDFやMicrosoft Officeファイル、テキスト、YouTube動画など多岐にわたる

　それでは、あらかじめ作成したテキストやファイルを使用して、ブログ記事やプレゼンテーションに添えるアジェンダ（目次）やサマリーとなるマインドマップを作成してみましょう。

1 もとになる文書をアップロード

「＋新しいマップを作成」をクリックし入力画面を表示する。「PDF/文書」を選択したら、マインドマップのもととなるファイルをアップロードする。（テキストをコピー＆ペーストする場合には「長文」を選択し、テキストをペーストする）。「Mapify→」ボタンをクリックすると生成が開始される

2 マインドマップが生成される

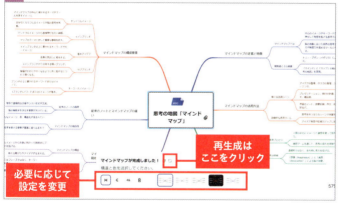

AIが内容を解析して、マインドマップが生成される。完了すると画面下に「マインドマップが完成しました！」と表示されるので、必要に応じて、構造と色を選択する。なお、これらの構造と色（スタイル）はいつでも変更可能だ。再生成したい場合には、「再試行」ボタンをクリックすればよい

3 マップのスタイルを変更する

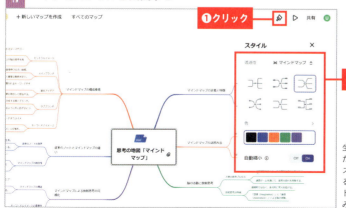

生成されたマップはAIが選んだスタイルで表示される。このスタイルはユーザーが変更することができる。「フォーマット」アイコンをクリックして、好みのスタイルを選択する

●生成されたマインドマップを編集する

　マインドマップが生成されたら内容が意図したものになっているか必ず確認しましょう。必要な項目が漏れていたり、内容に誤りがあったりした場合には編集を行います。

　Mapifyも従来のマインドマップ作成ツール同様に、トピックをダブルクリックするとキーワードの編集が行えます。また、新たな並列トピックを追加したい場合には[Enter]キー、サブトピックを追加したい場合には[Tab]キーを押します。トピックを削除したい場合には[Del]キーを押します。

●マインドマップを図解として活用する

　生成されたマインドマップをサマリーなどの図版として活用したい場合には、画像（PNG）形式でエクスポートします。また、アジェンダとして使用したい場合には、メインブランチ後ろの「－」をクリックしてサブブランチを畳んだ状態でエクスポートするといいでしょう。

■ 画像をエクスポートする

画面右上の「共有」をクリックする。ウィンドウが表示されたら「エクスポート」>「画像」を選択して、マインドマップをエクスポートする

■ サブトピックを畳む

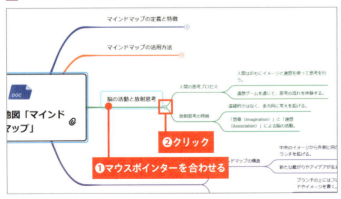

メインブランチにマウスオーバーすると「－」ボタンが表示される。これをクリックすると、下層のブランチをすべて畳むことができる

●プレゼンテーションのスライドとして利用する

　生成したマインドマップは、そのままプレゼンテーションのスライドとして利用できます。画面右上の「マインドマップをスライドショー表示」をクリックすると、メイントピックごとに1枚のスライドとして表示されます。

　マップをスライドショーで利用するときには、各スライドの見やすさや伝えやすさを考慮してスタイルを変更するのもよいでしょう。

1 スライドショーを開始する

画面右上の「マインドマップをスライドショー表示」ボタンをクリックするとスライドショーが開始される

2 テーマとメイントピックが表示される

スライドショーの1枚目には、テーマとすべてのメイントピックが表示される。アジェンダシートとして利用するといい

3 メイントピック単位でスライド表示

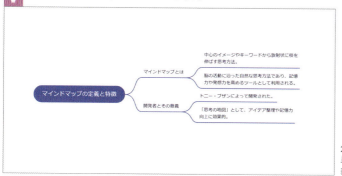

2枚目以降は、メイントピック単位で1枚のスライドとして表示される

●生成したマインドマップで別の文章を作成する

　生成されたマインドマップをMarkdown形式でエクスポートすれば、それをClaudeなどの文書生成AIに読み込んで、もとの文章とは違った視点の文章を作成できます。

　文章をマインドマップ化すると、全体を俯瞰しながら、構成や内容の再検討もスムーズに行えます。Mapifyなら自分で内容を付け足すだけではなく、AIと対話しながら内容を追加することが可能です。

　内容を追加・検討したいトピックを右クリックし「さらにアイデアを生成する」を選択すると、そのトピックから連想されるサブトピックが自動的に生成されます。要約されたトピックの内容を詳しく掘り下げたい場合には「もっと詳しく教えて」を選択すれば、内容の詳細を確認し、その主要なポイントをまとめたものをトピックに追加できます。

　また、チャット欄に質問を入力して、AIと対話しながら内容を掘り下げたり、アイデアを広げることも可能です。

　このようにしてブラッシュアップしたマインドマップをエクスポートし、Claudeなどで文章を生成すれば、より洗練された文章を得ることができます。

1　マインドマップをブラッシュアップ

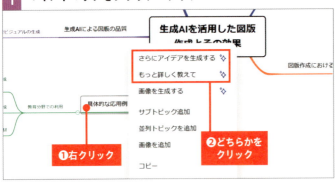

検討したいトピックを右クリックする。「さらにアイデアを生成する」または「もっと詳しく教えて」を選択し、AIと対話しながら新たなアイデアを得たり、内容を深掘りしたりすることができる

2　Markdown形式でエクスポート

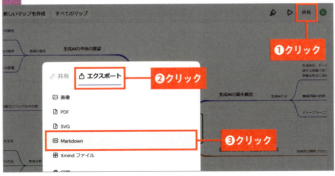

画面右上の「共有」をクリックする。ウィンドウが表示されたら「エクスポート」>「Markdown」を選択して、マインドマップをエクスポートする。エクスポートとしたファイルをClaudeなどに読み込ませて新たな文章を作成することが可能

YouTubeの内容をマインドマップにする

　すでに述べたように、YouTubeでは高度な内容の動画も多数公開されています。大学の講義を聞くように、メモを取りながらじっくり聞くのがベストかもしれませんが、時短のためには内容を生成AIでまとめ直したものを読むのが一番です。

　AIで時短を図る方法はいくつかありますが、ここで紹介しているMapifyを使ってマインドマップを作り、YouTube動画の概要を把握する方法もあります。ProまたはUnlimitedプランでは、各トピックにタイムスタンプとリンクが表示されるので、目的の箇所を素早く視聴することも可能です。

■ YouTubeからマインドマップを生成

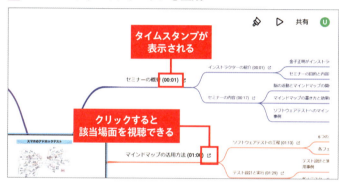

YouTubeのURLからマインドマップを生成すると、全体の内容を把握することができる。また、生成する際に「タイムスタンプを表示」をオンにすれば、動画のタイムスタンプとそのショートカットを各トピックに表示させることも可能

Column　スタイルを変更して図版に活用する

　マインドマップは情報を整理するのに大変優れたツールですが、中心から四方八方に項目が伸びていくため、全体像をつかみにくいと感じる人もいるかもしれません。

　そんな場合は、樹形図にするといいでしょう。マインドマップが持つ自由さは損なわれますが、論理構造は明確になります。また、それにより全体像は把握しやすくなります。

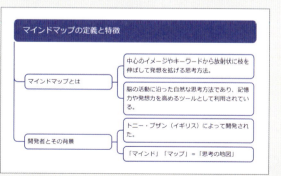

Mapifyにはマインドマップ以外にもさまざまなスタイルが用意されている。たとえば、「グリッド」構造を適用して、スライドショー表示するとこのような表示が得られる

| Column |

複雑な図解を作りたいなら「v0」を試してみよう

文章で指示するだけで洗練されたデザインを生成

「v0（ブイゼロ）」は生成AIを活用したUI（ユーザーインターフェイス）デザイン用のサービスです。デザインやプログラミングの知識がなくても、テキストを入力するだけでWebページのUIデザインとそのコードを自動生成してくれます。

生成速度も速く、あっという間に生成して画面イメージが表示できます。表示された画面を見ながら、文章で修正指示を与えたり、デザインの参考にしたい画像を提示したりするだけで、思いどおりのページを作成することが可能です。

ここでは、本来のUIデザインという用途ではなく、図解作成への利用方法を解説していきます。v0を使うと、デザイナーに口頭でイメージを伝えるように、文章でひとつひとつ指示を与えていくだけで、複雑な図解も出来上がります。

v0は有料サービスですが、無料でもお試し利用は可能です。無料使用では、やりとりできる回数に制限があるので、うまく使えそうなら有料プランに登録するといいでしょう。

●v0をうまく利用するコツ

UIを生成する際は一気に指示を与えて生成するのではなく、まずはベースとなるデザインを生成したあと、細かく具体的に指示を出していくのがおすすめです。そうすることで、イメージどおりの結果が得られやすくなります。また、参考にしたいUIがある場合にはその画像をアップすると、意図したデザインに近づけやすくなります。

なお、画像を生成する機能はないので、画像を必要とするデザインを生成した場合には、画像を配置する箇所に空欄が配置されます。利用する画像を自分で用意しましょう。

プレゼンテーション用の図解を作成する

プレゼンテーション用の図解も簡単に作成することができます。一般的な事柄であれば、テーマを指定するだけで、v0が図解を生成してくれます。また、もととなるファイルを参照させてスライドを生成させることもできます。その場合、内容をまとめたテキストはもちろんのこと、MapifyからエクスポートしたMarkdown形式のファイルも活用できます。

ここでは、テーマを与えてv0にプレゼンテーション用のスライドを生成する方法を紹介します。プロンプトは以下のとおりです。参考資料を提示したい場合は、クリップアイコンをクリックしてファイルを添付します。

プロンプト

「図版を生成AIを使用して作成するメリット」について説明するプレゼンテーションの資料を3ページで作成してください。インフォグラフィックスを用いて、わかりやすいデザインにしてください。

1 プレゼンテーション用の図解が生成される

v0
https://v0.dev/

コードが生成されて、その結果がプレビュー表示される。今回は「前へ」「次へ」ボタン付きでスライドが生成された。内容を確認しながら、チャットで修正箇所を具体的に指示する。なお、プレゼン用のボタンが表示されなかった場合は「ページが切り替えのボタンを追加」と指示するとよいだろう

2 ページをフルスクリーン表示する

フォントとアイコンを見やすく理解しやすいようにビジネス用途に合った洗練された色に変更するように指示を与えてみた。なお、生成された画面は、右上の「Fullscreen」をクリックすると、フルスクリーンで確認することができる

3 拡大した状態で見え方を確認する

スライドがフルスクリーンで表示される。レスポンシブデザインなので、ブラウザーのサイズでレイアウトが変わる。プレゼンするときのサイズで確認するとよい。別の用途で使いたいときは、ここでスクリーンショットを撮る

このようにv0を使うと、とても簡単にプレゼンテーション用の図解を作成することができます。完成したスライドを公開設定すると、ブラウザーが使える場所ならどこでもプレゼンテーション資料として利用することができるようになります。時間をかけずに図解を作成したいときに活用するとよいでしょう。

1 「Share」ボタンをクリックする

スライドが完成したら、画面右上の「Share」ボタンをクリックする

2 公開URLをコピーする

URLをクリックしてコピーする。このURLで作成したプレゼンテーション資料（スライド）を使用できる

CHAPTER

7

ビジネス文書に使える画像を生成AIで作る

画像生成AIには賛否両論ありますが、作る画像によっては圧倒的にコストと時間が抑えられるのも確かです。ロゴデザインからプロモーション素材まで、すべてをAIで作成することで大幅なコストカットと時短が可能になるでしょう。本章では、ImageFX、Ideogram、DALL-E 3といった最新の画像生成AIを使って、「思いついた瞬間」に「完璧な画像」を手に入れるための方法を解説しています。

CHAPTER 7 いい加減に探した画像を公開する媒体に使ってはダメ！

現代では画像利用がますます困難になりつつある

　イラストや写真などの画像の入手そのものは、ネットが普及して大変簡単になったといえます。その反面、正しく利用することは逆に難しくなってきているといわざるを得ません。

　近年、ネットの普及に伴い、イラストや写真など画像の入手方法は大きく様変わりしました。この変化は、著作権に関する問題を引き起こす頻度の増加につながっています。

　かつて出版・広告の業界では、書籍や雑誌、広告に使用する画像の入手方法は限定的でした。プロのカメラマンに撮影を依頼するか、著作権者から直接フィルムや紙焼き写真を借り受けるのが一般的でした。使用する画像の出所が今に比べるとずっと明確だったのです。

▶▶▶紙媒体は画像の権利関係にシビアだった

　しかしながら、ネット経由で写真やイラストの入手が格段に容易になった結果、作者不明の画像が大量に流通するようになりました。さらに、それらを安易に使用してしまうケースが増加しています。この状況は、著作権管理の観点から深刻な問題をはらんでいます。

　特に紙媒体は一度印刷してしまうと修正が困難であり、画像使用で著作権問題が発生した場合、商品の回収や高額な賠償金支払いなど、取り返しのつかない事態を招く可能性があります。そのため、従来の出版業界では、著作権問題に精通した編集者などが権利関係には特に慎重に作業を進めるのが常識でした。

　一方、Webページにおける画像使用は、コンテンツの修正や差し替えが容易だという特徴があります。しかし、この利便性が逆に問題を引き起こすことがあります。Web制作に慣れ親しんだ新世代のクリエイターは、著作権に対する権利意識の薄い人も多く、修正・差し替えしやすいためにかえってトラブルを起こしがちです。

紙媒体で画像を使用したい場合、このようなポジフィルムをレンタルで借りて印刷所に渡すこともあった

フリー素材のメリットとデメリット

　このような状況下で、フリー素材の利用が1つの解決策として注目されています。フリー素材には無料のものと有料のものが存在し、有料の場合でも、一度購入すれば繰り返し使用できる権利が付与されることが一般的です。従来の制作方法では、イラストレーターやカメラマンに直接依頼した場合、使用目的が限定されることが少なくありませんが、それと大きく異なります。たとえば、カメラマンに書籍用の写真撮影を依頼した場合、その書籍のデータの一部を別の新しい書籍に流用するとき、「再使用料」などという名目で料金を支払うことがあります。フリー素材では、このようなことは通常起こりません。

　しかしながら、フリー素材の使用にもさまざまな課題が存在します。著作権の観点からは、フリー素材を提供するサイトが必ずしも著作権の適切な管理を保証しているわけではないことが問題になります。つまり、中には、無断で他者の作品を掲載しているケースや、サイト運営者の実態が不明確なケースも存在します。

　また、実務的な観点からも複数の課題が存在します。たとえば、必要な素材の検索に多大な時間と労力を要することや、素材の修正が困難である点、同一素材の他社での使用を制限できない点などです。さらに、素材の品質にばらつきがあることや複数の素材間で雰囲気を統一しづらいことも懸念事項の1つです。

　一方で、フリー素材には明確なメリットも存在します。高品質な画像を安価に入手でき、購入後は使用用途に制限がなく、即時使用が可能であることが多く、特に時間的制約の厳しいプロジェクトにおいて大きな利点となります。

いらすとや
URL：https://www.irasutoya.com

親しみやすいタッチで、非商用利用なら無料で利用できるイラストを大量に配布している超有名サイト。あまり知られていないが、商用利用時には制限がかかるので注意したい

イラストAC
URL：https://www.ac-illust.com

大量のイラストを掲載しており、無料でも利用が可能。ただし、無料ユーザーは1日あたりのダウンロード数や画像の解像度に制限がある

▶▶▶ 生成AIによる画像作成は是か非か

最近では、生成AIを活用した画像作成という新たな選択肢も登場しています。生成AIを利用することで、著作権の問題を一定程度回避でき、低コストで迅速な画像入手が可能になります。ロケに行かずに海外の風景と人物を組み合わせた画像を作ったり、現実には存在しないような絶景を作成したりすることも容易になりました。

ただし、生成AIにも固有の課題があります。生成された画像が既存の著作物に類似してしまう可能性や、生成AI自体の利用に対する社会的な懸念があります。特に広告などの商用利用においては、生成AI使用による企業イメージへの悪影響も考慮する必要があります。「あの広告はAIを使って描いたに違いない」とSNSで疑いをかけられるだけで、マイナスの効果が無視できないのです。

これらの状況を総合的に判断すると、画像の使用方法は、その目的や用途に応じて慎重に選択する必要があるといえます。多くの人の目に触れる広告や紙媒体での出版物での使用には細心の注意を払い、一方で、閲覧者が限定的な用途においては、各種手法の特性を活かした柔軟な選択が可能でしょう。

このように、デジタル時代における画像利用は、その利便性の向上と同時に、新たな課題や考慮すべき要素を生み出しています。これらの課題に適切に対応しながら、効果的な画像活用を実現することが、現代のコンテンツ制作における重要な課題となっています。

広告主・発表者	媒体	発表した画像と経緯
スシロー	X（旧Twitter）	AIが考えた寿司というコンセプトだが、第三者の著作物を無断で使用・改変したとされる
日本マクドナルド	プロモーション動画	マックフライポテトのプロモーションに生成AIを利用。指の数などに問題発生
ゴールデンボンバー（ミュージシャン）	曲のジャケット	ジャケットに掲載する画像に生成AIを使用
池袋アニメーションフィルハーモニー	演奏会のチラシや公式サイト	掲載する画像に生成AIを使用。出演予定の歌手が出演辞退

Forbes
https://forbesjapan.com/articles/detail/72041

米トイザらスがOpenAIの動画生成AI「Sora」を使った広告を公開したところ、多くの批判にさらされることになった。批判の内容としては、「動画内のキャラクターに一貫性がない」といった技術的な問題を指摘するものや、「このような広告はアーティストをバカにするものだ」といった倫理的な問題に触れるものがあった

CHAPTER 7

ImageFX

18 日本人らしい人物画像は「ImageFX」で作ろう

リアルな人物画像なら「ImageFX」を試してみよう

画像生成AIは時折激しい批判にさらされつつも、進化し続けています。このジャンルには、先駆者たる「Stable Diffusion」と「Midjourney」をはじめとし、Microsoftの「DALL-E 3」、Adobeが提供する高品質画像生成AI「Adobe Firefly」などさまざまなサービスが存在しますが、本稿ではGoogleの「ImageFX」を紹介します。

ImageFXは現在無料で使えるにもかかわらず、「Imagen 3」という最先端の画像生成AIを搭載しています。生成物の方向性としては、写真のようなリアルな画像を得意とします。

一点注意したいのは、生成した画像の商用利用が可能だとは利用規約に書かれていないことです。おそらく商用利用しても問題が生じることはないでしょうが、画像の著作権はGoogleに属するため、権利関係にシビアな場面では使いづらいといえます。

■ ImageFXのインターフェイスを確認する

ImageFX
URL：https://aitestkitchen.withgoogle.com/ja/tools/image-fx

❶プロンプトを入力

❷クリックして画像生成

❸ここに画像が表示される

ImageFXのサイトにアクセスし、「Googleでログイン」からGoogleアカウントでログインする。プロンプトを入力して「作成」ボタンをクリックすると画像が生成される。日本語はうまく認識されないので英語で入力しよう

CHAPTER 7 ビジネス文書に使える画像を生成AIで作る

141

ポートレートを作成する

　本稿執筆時点では、ImageFXの日本語理解能力が不十分なため、プロンプトは英語に翻訳したものを入力します。以下のプロンプトを「DeepL」（https://www.deepl.com/ja/translator）などで翻訳して、ImageFXに入力するといいでしょう。

　もしプロンプトを書くのに慣れていない場合は、条件を箇条書きにしてClaudeなど文章生成AIに貼り付け、「ImageFX用のプロンプトを作成して」などと指示すれば、英文のプロンプトが出力されるので便利です。

> **プロンプト**
>
> 自然光の差し込むカフェの窓際で、本を読んでいる20代後半の日本人女性。黒髪で、肩までのストレートヘア。服装はシンプルな白のブラウスを着ており、微笑んでいる表情。背景には木製の家具や観葉植物があり、温かみのあるナチュラルな雰囲気。高画質で、写真のようにリアルな質感を持つ。アスペクト比は3:2、縦長構図でポートレートとしてのバランスが良い画像

1 4点の画像が生成できた

プロンプトを入力して「作成」ボタンをクリックすると、画像が生成される。プロンプトで色が変わっている箇所のキーワードをクリックすると、簡単に選択・変更できる

2 最も適した画像を選択

格子状に表示された生成画像から最適なものをクリックすると、大きく表示される。ここでは、この画像を編集してみよう

3 画像を編集する

ざっくりと人物の髪をドラッグして選択。追加のプロンプトとして「女性の髪をショートカットのブラウンにして、窓の外の景色は湖を感じられるようにしたい」という文言を英訳して入力する

4 画像が更新された

女性の髪がショートかつブラウンになり、窓の外の景色が湖畔を感じられる背景になった

5 最適な画像を選択する

希望のイメージに最も近い画像を選択した。さらに画像編集を行ったり、履歴をさかのぼって画像を編集したりも可能

CHAPTER 7 ビジネス文書に使える画像を生成AIで作る

143

CHAPTER 7　Ideogram

19 生成した画像に文字を入れる！「Ideogram」で自然な画像に

画像生成AIの最大の欠点を克服する

　前節で見たように、画像生成AIはすでに写真と見紛うようなリアルな画像を作成できるようになっています。よくよく細部まで観察すれば、違和感をおぼえるかもしれませんが、ある程度縮小した場合はAIで作成したものだと、よほど注意しなければ写真だと思ってしまうでしょう。

　ただ、文字の配置については対応が遅れていました。画像の中に文字列を入れることはできず、画像編集アプリであとから追加するしかありませんでした。この問題を解決したのが「Ideogram」で、文字を含めた画像を自然な形で生成することができます。この機能により、さまざまなタイプの画像に文字を入れて視覚的にインパクトを持ったデザインの画像を作れます。

　Ideogramは、写真のような画像だけでなく、ロゴやアイコン、図解の作成にも利用できます。つまり、文字列と画像を効果的に融合させたいときに便利で、ビジネスや教育の分野で文字情報を強調しつつ、デザイン面でも優れた画像を生成したい場面で非常に有効なのです。

　なお、本稿執筆時点では、日本語のフォントがうまく表現されないため、プロンプトは英語で入力するのが無難です。出力した画像に含まれる文字も英字を想定したほうがいいでしょう。

Ideogram
URL：https://ideogram.ai/

Ideogramで作成した画像。文字と背景がよく馴染んでいるのがわかる。このような画像をすぐに作成できるのがIdeogramの特徴だ

画像中の素材に文字を含めるには

ここでは以下のプロンプトを英語に訳して、Ideogramに入力してみます。

> **プロンプト**
> デスクの上にノートとペンが置かれたシーン。ノートには手書き風のメモがある。大きく"Idea"と文字が書かれ、その下に箇条書きでメモが書かれている。メモの内容は「Business team high five」「Modern office glass building」「Remote meeting home setup」「Professional handshake downtown」とする

1 プロンプトの入力スペースを表示する

Ideogramにログインしたら、画面上部のプロンプト入力部分をクリックして、入力スペースを表示する

2 プロンプトを入力して画像を生成する

英訳したプロンプトをここに入力して、「Generate」をクリックする

145

3 画像が生成された

4点の画像が生成され、画面下にサムネイルが表示される。クリックすると、生成された画像が拡大される

4 画像が拡大表示された

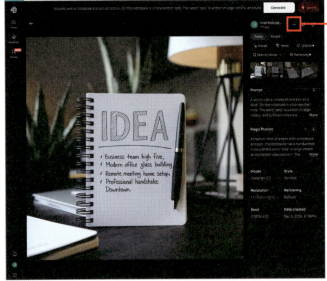

非常に高品質な画像が生成された。よく見ると、ペンが浮いているところに違和感があるが、そこに気づかなければ写真撮影したものだと思ってしまう。画像をダウンロードするには画面右上の「…」をクリック

5 JPEG形式を選択してダウンロードする

画像のダウンロード形式はPNGとJPEGから選択できるが、無料プランではJPEGしか選べない

ロゴイメージを生成する

　Ideogramは、文字を含んだ画像生成で高い性能を発揮できるので、ロゴの制作にも向いています。生成した画像内に文字を自然に組み込むことにより、ブランドや会社の名前をうまく強調することが可能です。

　ロゴ作成のコツは、プロンプトでフォントのスタイルや色、シンボルやアイコンの有無、レイアウトなどを具体的に指定することです。これにより、ブランドや会社のコンセプト、ロゴが伝えたいイメージやスタイル、ターゲットとなる顧客などを明確にできます。

> **プロンプト**
> 電子部品の販売通販サイト"Lab Parts"のロゴを作りたい。スローガンは"Quick Delivery"。電子部品や電子回路をモチーフにしてレイアウトする

1 カラーパレットを選択する

プロンプトを英訳して入力する。ここではロゴのカラーに統一感を出したいので、「Color palette」を「Auto」ではなく、青系統のものを選択した

2 ロゴが生成された

青系統の色がメインとなったロゴが4パターン生成された。ロゴとしてはやや複雑すぎるので、このまま使うことはできないかもしれないが、サンプルとしては十分なクオリティだろう

CHAPTER 7　ビジネス文書に使える画像を生成AIで作る

CHAPTER 7

20 イラストも自分で作れる！
注目の画像生成AI一挙紹介

DALL-E 3 | Adobe Firefly | Midjourney | Stable Diffusion

イラストなら「DALL-E 3」や「Adobe Firefly」にも注目

ここでは、前節までに挙げた「ImageFX」や「ideogram」以外の画像生成AIについて紹介します。それぞれ得意となるジャンルや料金などに違いがあるので、特徴を活かして使い分けるといいでしょう。

●DALL-E 3

OpenAIの「DALL-E 3（ダリスリー）」は、高精細なイラスト風の画像が得意な画像生成AIです。生成したい画像のテーマを与えると、リアルな写真風の高精細イラストを出力します。また、安全な画像生成を重視しており、他の画像生成AIよりも厳しい基準で不適切な画像を生成しないようなつくりになっています。

DALL-E 3で生成した画像の著作権はユーザーに帰属するので、ビジネス文書やマーケティング素材としても使いやすいという特徴があります。

DALL-E 3を利用するには、ChatGPTの有料プランである「ChatGPT Plus」に契約してChatGPTで使う方法のほか、Bing Image CreatorやCopilotを使う方法があります。

ChatGPT Plusを契約すると、制限なく画像を生成できる。ただし、通常の方法では1つのプロンプトで1枚しか出力されない

Bing Image Creator
URL：https://www.bing.com/images/create

Bing Image Creatorで作成すると、4枚同時に出力できる。高速に出力したいときは「ブースト」と呼ばれるポイントを消費するとよい。ブーストは毎週自動的に追加されるが、Microsoft Rewardsポイントでブーストを追加することも可能

●Adobe Firefly

「Adobe Firefly」は、Adobeが提供している画像生成AIサービスです。Creative Cloudと連携可能で、PhotoshopやIllustratorといったAdobe製品との高い親和性があります。Adobeの豊富なデザインツールと組み合わせることで、生成画像の編集や加工を連携して行うことができます。また、商用利用に関しての信頼性が高く、生成した画像をAdobeの規約に基づいて使用できる点が、ビジネス利用に向いています。

Adobe Creative Cloudの契約者は、上限はあるものの、追加料金なしで利用することができます。契約者以外もお試し利用は可能です。

Adobe Firefly
URL：https://firefly.adobe.com/

Adobe Fireflyで画像を生成してみた。非常に高精細で、写真なのかイラストなのかわからないレベルだ

Photoshopを利用すれば、左の画像から背後の人物を削除して、右の画像を作ることが簡単にできる。おおざっぱな操作でも、かなりの精度でAI補完が実行されていることがわかる

●Midjourney

「Midjourney」は、芸術的で抽象的なビジュアルを生成する際に優れた表現力を発揮する画像生成AIです。特にクリエイティブでインパクトのある画像を使いたいときに有効で、独自のスタイルを持っています。そのため、ビジュアルデザインやプロモーション素材として利用されることが多いです。Discordの利用が必須の有料サービスです。

●Stable Diffusion

「Stable Diffusion」は、オープンソースの生成AIモデルで、非常にカスタマイズ性が高いのが特徴です。オープンソースならではの自由な使い方ができる一方で、出力内容の管理やデータの安全性などは自己責任となります。画像生成の自由度が高く、特殊なビジュアルやユニークなイメージ作成に適していますが、ビジネスシーンでの利用には慎重な管理が必要です。無料サービスですが、一部の使用場面では有料プラン契約が必要な場合があります。

Column

音楽も生成AIで作れる！
フリー音楽を探さなくてもOK

音楽生成AIでオリジナル曲を簡単作成できる

　プレゼン資料や動画においては、文章や画像だけでなく、音楽の活用も検討してみるべきでしょう。BGMやジングルは、見る人の印象を強めます。たとえば、プロジェクトの一般向け紹介動画に音楽を加えることで、雰囲気を出すことができます。

　このような用途には、画像素材と同様、フリー素材サイトからの入手が一般的でした。しかし、実際の利用時には、著作権や利用規約、商用利用に関する条件、クレジット表記などをしっかり確認する必要があり、かなり面倒です。また、目的に合った楽曲の選定には、かなり時間がかかってしまうことも考えられます。そのため、最近では音楽生成AIが新たな選択肢として注目を集めるようになりました。

●Suno AI

　「Suno AI」では、「明るく前向きなポップス、テンポ120、時間は1分間」といった具体的な指示や、「朝の爽やかな雰囲気のピアノ曲」「プレゼンに適した落ち着いたBGM」のような感覚的な表現のプロンプトでも、目的に合った楽曲を生成することができます。

　生成された楽曲は、商用利用可能なライセンスで提供され、長さや楽器構成なども柔軟に調整できます。また、一度生成した楽曲をベースに、テンポや楽器の変更、長さの調整なども可能で、細かいリクエストにも対応できます。

●AIVA（Artificial Intelligence Virtual Artist）

　「AIVA」は、クラシックやポップス、映画音楽など多様なジャンルの音楽を生成できます。特にオーケストラやピアノ曲の生成に優れていて、BGMとしても高品質な音楽が得られます。

●Amper Music

　「Amper Music」は短時間でカスタマイズ可能な音楽を作成できるプラットフォームで、特にビデオクリエイターやマーケティングの関係者に人気があります。

●Boomy

　「Boomy」は、初心者向けの音楽生成AIです。独自のスタイルを設定したり、簡単なインターフェースで音楽の生成を行えたりするため、ユーザーにとって扱いやすいのが魅力です。

CHAPTER

8

プレゼン資料を超速で用意するには

見栄えのよいプレゼンテーション資料を作るには、文章力だけでは十分ではありません。自由に資料を作るためには、かなりの時間をかけて、レイアウト、配色、アニメーション、画像加工など多くのテクニックを使いこなす必要があります。本章では、そういった時間と労力、テクニックの必要なプレゼンテーション資料作成の一部を生成AIに肩代わりさせるための方法を紹介します。

CHAPTER

プレゼン資料作成を どのようにAIに任せるのか

> ### 資料作成はプレゼンの一部でしかない

　成功するプレゼンテーションを作り上げるために必要な要素は、大きく分けて3つあります。

　1つ目は、プレゼンテーションを始める前の準備です。まず何よりも重要なのは、プレゼンの目的を明確にし、具体的な目標を設定することです。たとえば「新製品の魅力を伝え、来月中に100件の受注を獲得する」や「社内の新しい取り組みについて理解を得て、3カ月以内に全部署での導入を実現する」といった具体的な目標があってこそ、効果的なプレゼンテーションを組み立てることができます。

　2つ目は、プレゼンテーション資料自体の魅力です。ここで注意したいのは、そもそも紹介する製品やサービス、知識に本質的な価値がなければ、どんなに優れたプレゼンテーションを行っても成功は難しいということです。これはプレゼンテーションスキルだけでは解決できない問題であり、本質的な価値の創造は別の方法で行う必要があります。

　価値のある内容が用意されているのであれば、それを効果的に伝えるための資料作りが重要になってきます。ここで生成AIをうまく使いこなせば、強力な援軍となります。AIは、プレゼンテーションのアウトラインや、各スライドの構成案を素早く作成することができます。たとえば「新製品の特徴を5枚のスライドで説明する構成を考えて」と指示すれば、数秒で複数の案を提示してくれます。

　ただし、注意すべきことがあります。プレゼンテーションは扱う内容や切り口、目標など多岐にわたるため、AIで完全なものを作ることは難しいケースが少なくありません。高品質な結果を得るためには、いろいろと準備が必要になり、「生成AIを使って楽になった」といいづらいケースもあるでしょう。むしろ、よく整えられたテンプレートを人力で修正したほうが結果がいい場合も考えられます。「AIを使うと、多少楽になるかもしれない」「AIの出力は、叩き台として考える」程度の期待にとどめておいたほうがいいでしょう。

　さて、プレゼンテーションの成功に必要な要素の3つ目は、作成した資料を効果的に使いこなすためのスキルです。話し方、アイコンタクト、ジェスチャーなどの発表テクニック、適切なリハーサル、時間配分の管理、プロジェクターなどの機材の扱いなど、さまざまな要素がプレゼンテーションの成否に影響を与えます。

　ここで重要なのは、生成AIが特に威力を発揮するのは、2つ目の資料作成の部分に限られるということです。プレゼンテーションの目的設定や、実際の発表におけるパフォーマンスは、依然として人間が担う必要があります。

スライド生成AIに任せるべきことは何か

　プレゼンテーションの資料をイチから作成するには、デザインやレイアウト、内容のテキスト要素、含めるべき画像の選択・準備など多くの時間と労力がかかります。しかし、AIを使えば、短時間でアイデアをまとめ、アウトラインを作るだけでなく、デザインも整えてくれます。これを叩き台として改善していくことで、従来よりもずっと短い時間で資料を形にすることができるでしょう。

　ポイントは、そのまま使える完全な状態がAIから出力されるとは考えないことです。では、「何ができて、何ができないのか」「何をやらせるべきで、何をやらせるべきでないのか」をまとめておきましょう。

■ スライド生成AIでできること

やりたいこと	内容
高速なアウトライン生成	ざっくりした構成を与えるだけで、瞬時にまとめることができる
デザインテンプレートの提供	デザインの専門知識がなくても、AIが高品質なテンプレートを自動生成してくれる
コピーライティングの支援	見出しを簡潔かつ的確に表現し、伝わりやすい資料を作る手助けとなる

■ スライド生成AIでできないこと

やりたいこと	内容
詳細かつ正確な専門知識の提供	AIは一般的な情報に基づいた提案を行うため、専門分野についてはユーザー自らが補う必要がある
感情やニュアンスの表現	話し手の思いや情熱を資料に盛り込むことは難しい。必要に応じてユーザーが修正を加えねばならない
最新情報の反映	最新の情勢に基づく内容は、通常は出力に反映されない。最新情報を取得するAIとの組み合わせが必要

スライド生成AIに与えるプロンプトのコツ

　スライド生成AIの生成したスライドはあくまで叩き台で、プレゼンテーション資料として完成させるためには、人による修正や確認が必要になります。しかし、スライド生成AIに与えるプロンプトを工夫して出力結果を最適なものにすることで、修正や調整の手間を大きく減らすことができます。プロンプト入力には、以下の点に注意して効率のよい資料作成を行いましょう。

・資料の目的と結論をはっきりさせる
・スライドの枚数や見出しをできる限り指定して構造を明確にする
・スライドの論理的な流れを意識する
・重要事項を簡条書きで整理する
・専門的な内容や複雑なグラフなどを生成した場合、精度に限界のあることを意識する

CHAPTER 8 SlidesGPT

21 プレゼン資料を自動作成「SlidesGPT」で叩き台を作る

内容を簡条書きにしてAIで読み込む

「SlidesGPT」（https://slidesgpt.com）は、プレゼンテーション資料のためのテキストを入力すると、生成AIがそれに基づいて適切な構成とデザインのスライドを出力するサービスです。テキストは別途用意する必要がありますが、数回のクリックで簡単にスライドが生成できるため、手間と時間が大幅に節約できます。もちろん、そのまま使えるケースは少ないでしょうが、叩き台としては十分です。

作成したスライドは、PowerPointやPDFの形式でダウンロードできます。ただし、ダウンロードには有料版を契約する必要があります。有料版は、ダウンロードごとに2.5ドル、または月額9.99ドルから選択可能です。大量に作成する場合は、月額プランを契約すべきでしょう。また、有料版では、詳細なカスタマイズや高度なデザインオプション、追加のテンプレートなどが利用できます。

プロンプト

タイトル:「ネットワークの歴史と最新技術」
サブタイトル:「インターネット以前からのネットワークの技術革新」
目的:インターネット以前からのネットワークの歴史と技術革新に関する解説
構成:
・表紙 (スライドは1枚)
・ネットワークの歴史の概要 (スライドは1枚)
・インターネットの歴史と普及について詳しく (スライドは3-4枚)
・インターネットの現状と今後の展望 (スライドは2-3枚)
・まとめ (スライドは1枚)
デザイン:文章は要点を記述して、図表や写真を積極的に活用する

●生成されたスライド

生成されたスライドの一部を以下に挙げます。PowerPoint形式でダウンロードし、PowerPointに読み込んだら、フォントやレイアウトなどを調整します。

なお、入力するテキストを作るのが難しいと感じる場合は、Claudeなど文章生成AIを利用するといいでしょう。

CHAPTER 8

イルシル

22 日本発のスライド生成AIで美しいプレゼン資料を作る

▶ 国内で開発・提供のスライド生成AI「イルシル」

「イルシル」（https://irusiru.jp）は、日本のビジネスシーンに特化したスライド生成AIサービスです。1000種類以上の日本語対応テンプレートを提供し、日本のユーザー向けに最適化されたインターフェイスで直感的な操作が可能になっています。このため、海外メーカーのサービスでは難しい、日本独自のビジネス文化に適したプレゼンテーション資料を簡単に作成できます。

イルシルの生成AI機能は、テンプレートの選択だけにとどまらず、ユーザーが与えたキーワードや文章からスライドを生成し、長文を自動的に要約してスライド化する機能も備えています。これにより、ユーザーのアイデアを瞬時に見えるものに変換し、プレゼンテーションとして顧客に提示できる資料になります。

また、イルシルはカスタマイズ性にも優れています。生成されたスライドは、PowerPointのようにテキストやレイアウトを修正できます。アイコンなど用意されたデザインパーツを活用することで、独自性のある資料が作れます。

料金プランは、無料版、月額1680円のパーソナルプラン、月額2980円のビジネスプランが用意されています。無料版では作成したプレゼンテーション資料をダウンロードできないので、作成したものを資料として使いたいなら有料版を契約する必要があります。

自動車の技術革新と交通機関の歴史 (章立メモ)

序章: 交通機関の歴史概観

- 古代から近代までの交通手段の進化
  - 古代エジプトやメソポタミア文明での車輪の発明
  - 馬車や馬車道の発展
  - 中世ヨーロッパでの船舶技術の進歩と大航海時代の到来
  - 蒸気機関車の登場による鉄道交通の革命
- 産業革命と交通機関の発展
  - 産業革命により蒸気機関の利用が広がる
  - 鉄道網の整備と都市間交通の発展
  - 蒸気船による海運の革命

第1章: 自動車の誕生と初期の技術

- カール・ベンツによる最初の自動車

ここでは、このようなテキストを用意した。自動車の技術革新と交通機関の歴史について、序章から第4章までの内容を箇条書きにしたメモだ

156

●生成されたスライド

生成されたスライドを以下に挙げます。有料版を契約すれば、PowerPoint形式やPDFでダウンロードできるほか、共有することも可能です。

Column

いまだ目覚めぬ〝希望の星〞 Copilot を PowerPoint で使う

プレゼンテーション資料作成には Copilot は力不足

　WindowsやMicrosoft 365などに搭載され、検索エンジンのBingでも使えるようになった「Copilot」は一時期大変話題になりました。Bingで使えるCopilotは、検索エンジンの定義を変えるのではないかと思われましたが、2024年後半の仕様改悪により一挙に使い物にならなくなったため、本書でも取り上げていません。

　一方、Microsoft 365に搭載されたCopilotは、Microsoftの行ったプレゼンテーションでは画期的な機能だとされましたが、公開されてすぐに期待は失望に変わってしまいました。あまりにも低機能で、実務ではほとんど使えず、その後のアップデートでWordやOutlookでの文章生成でなんとか利用シーンが見つかる程度でした。本稿執筆時点では、ExcelやPowerPointで「利用すると便利だ」といえる場面はかなり限られており、毎月数千円を払う価値があるとはいえません。

　ただ、本章で紹介したようにスライド生成AIというジャンルは成立しつつあります。PowerPointのCopilotが高性能になれば、PowerPointでプレゼンテーション資料を自動作成して、作業時間が大幅に短縮する未来は到来するはずです。

　そこで、ここでは2024年12月上旬現在、どのくらいの機能が現在実装されているかを解説しておきます。

●現在利用できるプレゼン資料作成機能

　PowerPointでCopilotを使ってプレゼンテーション資料を自動作成するには、個人なら「Copilot Pro」、法人など団体なら「Microsoft 365 Copilot」を契約する必要があります。

　PowerPointのリボンに表示されたCopilotボタンから、以下の操作が可能です。

・Wordなどでプレゼンテーションの概要を文書にまとめ、そのファイルから資料を作成する
・プレゼンテーションの内容をプロンプトに入力して、スライドを生成する
・スライドで使える画像を生成する
・開いているプレゼンテーションを要約する
・開いているプレゼンテーションのキースライドを表示する

■ PowerPointのCopilot画面

画面右側にCopilotの操作部分が表示される。右下からプロンプトを入力することも可能だ

●スライドの生成例

Copilotを使って、実際にテキストを入力してプレゼンテーション資料を作成してみます。

> **プロンプト**
>
> インターネットの歴史を説明するためのプレゼンテーションを作成。スライドの数は5枚。1枚で歴史を時系列で図表にして、テクノロジーの進歩の節目ごとに、キーとなる技術を、社会的背景も踏まえて解説する

■ 生成されたプレゼンテーション資料例

指定したとおりに5枚のスライドのプレゼンテーション資料が生成された。日本語と英語のスライドが混在するなど、レイアウトには特に工夫が見られない。修正しようと続けてテキストで促してもなかなか思うとおりにならず、とても使い物にならない

STAFF

執筆協力
岩渕 茂／宮下由多加／金子正晃／関 克美

編集協力
クライス・ネッツ

カバーデザイン
小口翔平、後藤 司 (tobufune)

本文デザイン
森 雄大

仕事が爆速化する！
Claude Perplexity Glasp NotebookLM
使いこなし術

2025年2月3日 第1刷発行

著者　AIビジネス総研

発行人　関川 誠

発行所　株式会社宝島社

　　　　〒102-8388
　　　　東京都千代田区一番町25番地
　　　　電話：(編集)03-3239-0928
　　　　　　　(営業)03-3234-4621
　　　　https://tkj.jp

印刷・製本　サンケイ総合印刷株式会社
本書の無断転載・複製を禁じます。
乱丁・落丁本はお取り替えいたします。
©AI Business Soken 2025
Printed in Japan
ISBN 978-4-299-06361-8